BERECHNUNG ELEKTRISCHER FÖRDERANLAGEN

VON

E. G. WEYHAUSEN UND P. METTGENBERG

DIPL.-ING.   DIPL.-ING.

MIT 39 TEXTFIGUREN

Springer-Verlag Berlin Heidelberg GmbH

1920

Vorwort.

Die technische Literatur enthält eine ganze Reihe von Werken, in denen die verschiedenen Systeme von Förderanlagen beschrieben werden, doch wird in fast allen die mathematische Seite dieses Gebiets nur gestreift. Im Gegensatz hierzu setzt die vorliegende Arbeit die Kenntnis der Anlagen voraus und befaßt sich ausschließlich mit den verschiedenen mechanischen und mathematischen Problemen, die bei der Berechnung von Förderanlagen in Frage kommen. Von den einfachsten Grundbeziehungen der Mechanik ausgehend wird die Berechnung systematisch entwickelt und hierbei rein mathematisch eine Reihe von Beziehungen abgeleitet, die nicht nur theoretisches Interesse bieten, sondern deren Resultate auch für den projektierenden Ingenieur von Wert sind. Damit auch der zu seinem Recht kommt, dem in erster Linie daran liegt, ein Schema für praktische Berechnungen zur Hand zu haben, sind im vorletzten Abschnitt alle Formeln zusammengestellt, die für die Berechnung der verschiedenen Systeme in Frage kommen. Bei jeder dieser Formeln ist aber auf die entsprechende Gleichung der vorhergehenden Abschnitte hingewiesen, sodaß der berechnende Ingenieur in die Lage versetzt wird, sich jederzeit den Zusammenhang im Gedächtnis zurückzurufen, aus dem die einzelne Formel hervorgegangen ist.

Die Verfasser.

ISBN 978-3-642-98141-8 ISBN 978-3-642-98952-0 (eBook)
DOI 10.1007/978-3-642-98952-0

Inhaltsverzeichnis.

IV Inhaltsverzeichnis.

Erster Abschnitt.

Fundamentalbeziehungen
zwischen Beschleunigung, Geschwindigkeit, Weg und Zeit.

Im Sinne der Mechanik sind bei einer Förderanlage die wesentlichen Arbeitsvorgänge folgende:

Ein System starrer Körper (Trommeln, Treibscheiben usw.) wird durch eine Kraftmaschine (in unserem Falle Elektromotor) aus dem Zustand der Ruhe in Drehung versetzt, rotiert eine Zeitlang mit bestimmter Geschwindigkeit und kommt dann wieder zur Ruhe. Jeder Punkt am Umfang des rotierenden Systems beschreibt dabei vom Anfang der Drehung bis zu ihrem Ende einen Weg von bestimmter Länge, der maßgebend ist für die lineare Bewegung der Lasten im Schacht. Letztere sind mit dem rotierenden System durch das an seinem Umfange wirkende Förderseil verbunden, das über eine im Fördergerüst gelagerte Seilscheibe laufend auf das rotierende System ein statisches Moment der Lasten überträgt. Die Antriebsmaschine muß also ein Drehmoment liefern, das dem Lastmoment entgegengesetzt gerichtet und größer ist als dieses. Die Differenz zwischen der Größe des Gesamtmoments der Antriebsmaschine und der des Lastmoments wirkt als dynamisches Moment auf das rotierende System und die mit ihm verbundenen Lasten und erteilt diesen eine gewisse Beschleunigung. Dadurch wird die vorgeschriebene Bewegung eingeleitet. Um das System aus dieser Bewegung wieder in den Zustand der Ruhe zurückzubringen, muß ihm eine gewisse Verzögerung erteilt werden. Diese wird erzeugt durch ein negatives dynamisches Moment, das durch die Trägheit der Massen und nötigenfalls außerdem noch durch die Antriebsmaschine oder die Bremsen geliefert wird. Die Beschleunigung und die Verzögerung kann veränderlich oder konstant sein.

Dies hängt ab von dem zeitlichen Verlauf der dynamischen Momente. Ihre Größe in jedem Augenblick ist bedingt durch die jeweilige Differenz des Gesamtmoments der Antriebsmaschine und des Lastmoments, also durch die jeweilige Größe des dynamischen Moments.

Bei elektrischem Antrieb kann man mit großer Annäherung mit einem konstanten dynamischen Moment, also auch mit konstanter Beschleunigung und Verzögerung rechnen. Es genügt deshalb hier, nur diesen einfachsten Fall zu betrachten und den späteren Untersuchungen zugrunde zu legen.

Der oben besprochene Bewegungsvorgang zerfällt zeitlich, wie schon angedeutet, in drei Abschnitte:

1. Beschleunigungsperiode,
2. Periode der vollen Geschwindigkeit,
3. Verzögerungsperiode.

Dieses sind die drei Abschnitte eines Förderzuges, die sich periodisch nach einer jedesmaligen Pause wiederholen.

Die späteren Untersuchungen und Berechnungen basieren auf folgenden Grundbeziehungen der Mechanik:

Ist φ der Bogen, den ein Punkt eines rotierenden Körpers im Abstand 1 von der Drehachse zurücklegt, t die Zeit in Sekunden während der Zurücklegung dieses Bogens, so ist die Winkelgeschwindigkeit

$$\omega = \frac{d\varphi}{dt}\ [\mathrm{sec}^{-1}].$$

Ist der Abstand des Punktes von der Drehachse nicht 1 sondern r, so ist der von diesem Punkte zurückgelegte Bogen

$$\varphi' = r \cdot \varphi.$$

Ist bei einer Förderanlage r der Halbmesser der Trommel oder Treibscheibe (bis Seilmitte gerechnet), so ist der am Umfang der Trommel usw. zurückgelegte Bogen gleich dem von den Lasten im Schacht zurückgelegten Wege h. Es ist also auch

$$h = r\varphi.$$

Da der während einer vollen Umdrehung zurückgelegte Bogen am Radius $1 = 2\pi$ ist, kann der in v Umdrehungen zurückgelegte Bogen ausgedrückt werden durch

$$\varphi = 2\pi v.$$

Damit wird

$$h = 2r\pi\nu.$$

Die Winkelbeschleunigung ist

$$\varepsilon_a = \frac{d\omega}{dt} = \frac{d^2\varphi}{dt^2}\ [\mathrm{sec}^{-2}].$$

Die lineare Geschwindigkeit ergibt sich aus der Winkelgeschwindigkeit durch Multiplikation mit r, also

$$v = \omega \cdot r\ [m\,\mathrm{sec}^{-2}],$$

ebenso die lineare Beschleunigung aus der Winkelbeschleunigung zu

$$p_a = \varepsilon_a \cdot r\ [m\,\mathrm{sec}^{-2}].$$

Bezeichnet n die Anzahl der Umdrehungen pro Minute, oder n'' die sekundliche Umdrehungszahl, so ist bei konstanter Geschwindigkeit

$$\omega = \frac{2\pi n}{60} = \frac{\pi n}{30} = 2\pi n''$$

$$n = \frac{30\,\omega}{\pi}; \quad n'' = \frac{\omega}{2\pi}.$$

Zweiter Abschnitt.

Geschwindigkeitsdiagramme.

Unter Geschwindigkeitsdiagramm im weiteren Sinne versteht man die graphische Darstellung des zeitlichen Verlaufs entweder

der Winkelgeschwindigkeit ω oder

der linearen Geschwindigkeit v oder

der minutlichen oder sekundlichen Umdrehungszahl n oder n''.

Bei Förderanlagen stellt das Geschwindigkeitsdiagramm eine zeitlich begrenzte Bewegung dar, die, wie schon im ersten Abschnitt angedeutet in folgende drei Teile zerfällt:

1. Beschleunigungsperiode oder Anfahren: die Geschwindigkeit wächst von Null bis zu einem Höchstwert,

2. Periode der vollen Geschwindigkeit: die Winkelgeschwindigkeit, Tourenzahl und bei konstantem Radius auch die lineare Geschwindigkeit ist konstant.

3. Verzögerungsperiode: die Geschwindigkeit nimmt vom Höchstwert bis auf Null ab. (Auslaufen oder Stillsetzen.)

Die eingangs erwähnten drei Arten von Diagrammen sollen jetzt der Reihe nach behandelt werden.

A. Das $\omega - t$-Diagramm.

1. Verhältnisse während des Anfahrens. (Zeit t_1.)

Soll die Winkelgeschwindigkeit ω von Null bis auf einen Höchstwert ω_0 wachsen, so ist hierzu eine gewisse Winkelbeschleunigung ε_a erforderlich.

Bei Annahme einer gleichmäßig beschleunigten Bewegung zerfällt die Anfahrzeit t_1 wieder in drei Abschnitte und zwar

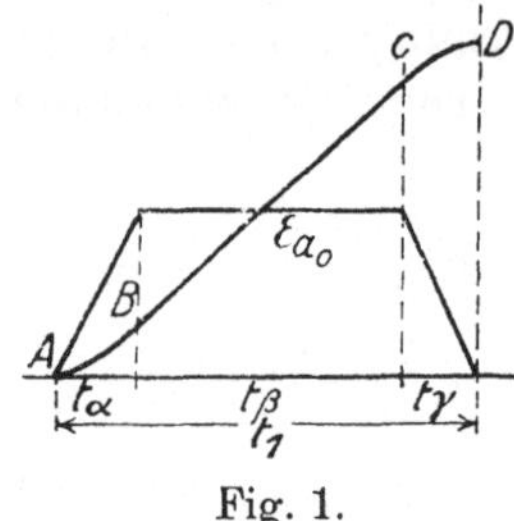

Fig. 1.

a) Abschnitt t_α:

Die Beschleunigung wächst von Null bis auf ε_{a_0} (angenommen nach einer Geraden, also $\varepsilon_a = c \cdot t$). Dann ist $d\omega = ctdt$ und $\omega = c\dfrac{t^2}{2}$, verläuft also nach einer Parabel (A B).

b) Abschnitt t_β:

Hier bleibt ε_a konstant ($= \varepsilon_{a_0}$), also ist $\omega = \varepsilon_{a_0}t \cdot \omega$, verläuft also nach einer Geraden mit der Steigung ε_{a_0} (B C).

c) Abschnitt t_γ:

Die Beschleunigung nimmt wieder ab von ε_{a_0} bis auf Null (wieder angenommen nach einer Geraden). Also verläuft ω wie im Abschnitt t_α nach einer Parabel (C D).

Für die meisten praktischen Fälle genügt es, den Linienzug $ABCD$ durch eine Gerade mit der Steigung ε_{a_0} zu ersetzen. Dies bedeutet, daß ε_a während der ganzen Zeit t_1 als konstant angenommen wird.

2. Verhältnisse bei voller Fahrt (Zeit t_2).

Hier ist die Winkelgeschwindigkeit ω konstant ($= \omega_0$), wird also im Diagramm durch eine Parallele zur t-Achse dargestellt.

3. Verhältnisse beim Auslaufen oder Stillsetzen (Zeit t_3).

Hier ist der Vorgang analog, aber umgekehrt wie beim An-fahren. An die Stelle von ε_a ist die Winkelverzögerung ε_b zu setzen. Auch hier wird der resultierende Linienzug praktisch meist durch eine Gerade mit der Steigung $-\varepsilon_{b0}$ ersetzt.

Für die Gesamtzeit t_F ergibt sich nun mit den unter 1. und 3. gemachten Annahmen das folgende Diagramm.

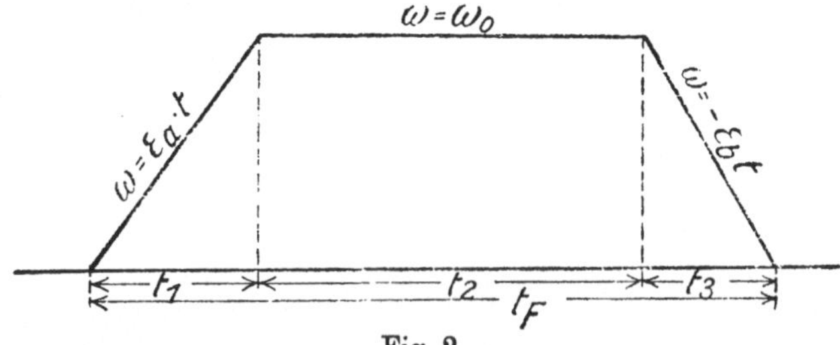

Fig. 2.

Fläche des Diagramms.

Da $\omega = \dfrac{d\varphi}{dt}$, wird $\omega\,dt = d\varphi$ und

$$\varphi = \int_0^{t_F} \omega\,dt$$

der während der Zeit t_F zurückgelegte Bogen. Nun ist aber $\int_0^{t_F} \omega\,dt$ gleich der Fläche des $\omega - t$-Diagramms, also ist

$$\varphi = \omega_0 \left(\frac{t_1}{2} + t_2 + \frac{t_3}{2} \right).$$

Aus dieser Beziehung kann man ω_0 berechnen, wenn φ, t_F, ε_a und ε_b gegeben sind. Es folgt nämlich durch Einsetzung von $t_1 = \dfrac{\omega_0}{\varepsilon_a}$, $t_3 = \dfrac{\omega_0}{\varepsilon_b}$ und $t_2 = t_F - t_1 - t_3$

$$\omega_0 = t_F k \pm \sqrt{t_F^2 k^2 - 2\varphi k}, \tag{1}$$

wobei

$$k = \frac{\varepsilon_a \varepsilon_b}{\varepsilon_a + \varepsilon_b}$$

ist.

Die Bedeutung der Bestandteile dieser Gleichung ergibt sich ohne weiteres aus dem nebenstehenden Diagramm. Der Radikand muß immer positiv sein, damit die Wurzel einen reellen Wert hat. Der Grenzfall tritt ein, wenn der Radikand gleich Null wird. In diesem Falle wird $\omega_0 = t_F k$, d. h. der ganze Zug setzt sich nur aus Anfahren und Verzögern zusammen und ω_0 wird nur in einem Augenblick erreicht. Hieraus geht schon hervor, daß $t_F k$ den größtmöglichen Wert für ω_0 darstellt, daß also das positive Vorzeichen der Wurzel in Gleichung (1) keinen Sinn gibt. Die Gleichung lautet also nur

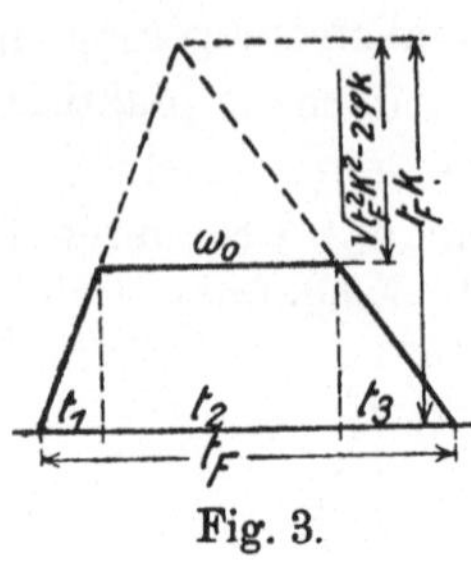

Fig. 3.

$$\omega_0 = t_F k - \sqrt{t_F^2 k^2 - 2\,\varphi k}\,. \tag{1a}$$

Ist der Halbmesser r konstant (zylindrische Trommeln und Köpescheiben), so kann man nach Abschnitt I setzen $h = r\varphi$, oder auch Teufe $H = r\varphi$, wenn φ der für die Teufe und während t_F zurückgelegte Bogen ist. Man kann also in Gleichung (1a) φ ersetzen durch $\dfrac{H}{r}$, womit die Gleichung die folgende Form erhält:

$$\omega_0 = t_F k - \sqrt{t_F^2 k^2 - \frac{2H}{r} k}\,. \tag{1b}$$

Ändert sich $r = f(\varphi)$ geradlinig, wie bei konischen Trommeln und Bobinen, so kann man setzen $H = \dfrac{r+R}{2}\,\varphi$ oder $\varphi = \dfrac{2H}{R+r}\cdot$ Dies in Gleichung (1a) eingesetzt gibt

$$\omega_0 = t_F k - \sqrt{t_F^2 k^2 - \frac{4H}{R+r} k}\,. \tag{1c}$$

Ist ε_a nicht konstant, sondern ω ändert sich nach einer Parabel (vgl. S. 11), so behält Gleichung (1c) ihre Gültigkeit, wenn man

$$k = \frac{3\,\varepsilon_a \varepsilon_b}{4\,\varepsilon_b + 3\,\varepsilon_a}$$

setzt. Diese Abweichung ergibt sich daraus, daß

$$\varphi_1 = \frac{2}{3}\,\omega_0\,t_1 \quad \text{anstatt} \quad \frac{1}{2}\,\omega_0\,t_1$$

und

$$t_1 = \frac{2\,\omega_0}{\varepsilon_a} \quad \text{anstatt} \quad \frac{\omega_0}{\varepsilon_a}$$

ist.

B. Das $n'' - t$-Diagramm.

Trägt man anstatt ω die sekundliche Tourenzahl $n'' = \dfrac{\omega}{2\pi}$

auf, so ist auch die Fläche des Dia-
gramms nicht mehr φ, sondern $\dfrac{\varphi}{2\pi}$.

Sie stellt also die während t_F gemachten
Umdrehungen ν dar. Für die einzelnen
Abschnitte des Diagramms gelten also
folgende Beziehungen:

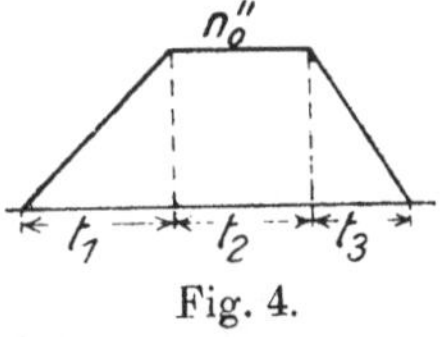

Fig. 4.

Während $t_1 : \nu = n'' \dfrac{t}{2}$; und am Ende von $t_1 : \nu = n_0'' \dfrac{t}{2}$.

Während $t_2 : \nu = n'' \cdot t$; und am Ende von $t_2 : \nu = n_0'' \left(t_2 + \dfrac{t_1}{2} \right)$.

Während $t_3 : \nu = n'' \cdot \dfrac{t}{2}$; und am Ende von
$$t_3 : \nu = n_0'' \left(\dfrac{t_1}{2} + t_2 + \dfrac{t_3}{2} \right).$$

C. Das $v - t$-Diagramm.

1. Bei konstantem Halbmesser r.

Ist der Halbmesser r konstant, so unterscheidet sich das
$v - t$-Diagramm von dem $\omega - t$-Diagramm lediglich durch
den Maßstab, indem in jedem Punkte als Ordinate anstatt ω
$\omega \cdot r = v$ aufgetragen ist. Die Neigung der v-Kurve beim Anfahren ist $\varepsilon_a r = p_a$ (die lineare Beschleunigung) und beim
Verzögern $= -\varepsilon_b r = -p_b$ (die lineare Verzögerung). Während der vollen Fahrt ist v konstant $(= v_0)$, verläuft also
parallel zur t-Achse. v_0 ist die maximale Seil- oder Fördergeschwindigkeit.

2. Bei veränderlichem Halbmesser ϱ.

a) Berechnung der jeweiligen Werte von ϱ.

Bei konischen Trommeln mit gerader Erzeugenden und bei Bobinen ändert sich ϱ geradlinig mit ν. Bezeichnet man mit $\varDelta_\varrho$ den Zuwachs von ϱ pro Umdrehung, so wächst ϱ nach ν Umdrehungen um $\varDelta_\varrho \nu$, wo $\nu = \int n'' dt = \int \dfrac{\omega}{2\pi} dt$ ist. $\nu = f(t)$ ist keine stetige Kurve über der ganzen Fahrzeit t_F, sondern zerfällt in drei Abschnitte:

α) **Anfahrzeit** t_1. Hier ändert sich ω geradlinig und zwar ist $\omega = \varepsilon_a t$. Also ist

$$\nu = \int \frac{\varepsilon_a}{2\pi} t \, dt = \frac{\varepsilon_a}{2\pi} \frac{t^2}{2}$$

und der Zuwachs von $\varrho : = \dfrac{\varDelta_\varrho \varepsilon_a}{2\pi} \dfrac{t^2}{2} \cdot \varrho$ ändert sich also nach einer Parabel und seine Größe in jedem Zeitpunkte ist $\varrho = r + \dfrac{\varDelta_\varrho \varepsilon_a}{2\pi} \dfrac{t^2}{2}$ und am Ende der Beschleunigungsperiode, also nach t_1 Sekunden ist

$$\varrho = r_1 = r + \frac{\varDelta_\varrho \varepsilon_a}{2\pi} \frac{t_1^2}{2} = r + \frac{\varDelta_\varrho \varepsilon_a t_1}{2\pi} \frac{t_1}{2} = r + \varDelta_\varrho n_0'' \frac{t_1}{2} \cdot \quad (2)$$

Hierin ist r der kleinste Radius der Trommel.

β) **Volle Fahrt, Zeit** t_2. Hier ist ω konstant $= \omega_0$. Also ist $\nu = \int \dfrac{\omega_0}{2\pi} dt = \dfrac{\omega_0}{2\pi} t$ und der Zuwachs von $\varrho = \varDelta_\varrho \dfrac{\omega_0}{2\pi} t$. ϱ ändert sich also linear und seine Größe wird in jedem Zeitpunkt $= r_1 + \varDelta_\varrho \cdot \dfrac{\omega_0}{2\pi} \cdot t$ und am Ende der vollen Fahrt ist

$$\varrho = r_2 = r_1 + \varDelta_\varrho \frac{\omega_0}{2\pi} t_2 = r + \varDelta_\varrho n_0'' \left(\frac{t_1}{2} + t_2 \right) \cdot \quad (3)$$

γ) **Verzögerungsperiode** t_3. Hier ändert sich ω wieder geradlinig und zwar ist $\omega = \varepsilon_b t$, wenn man den Koordinatenanfangspunkt an das Ende von t_3 legt, also sowohl ε_b wie t negativ rechnet. Also ist $\nu = \int \dfrac{\varepsilon_b t}{2\pi} dt = \dfrac{\varepsilon_b t^2}{2\pi \cdot 2}$ und der Zuwachs von $\varrho = \dfrac{\varDelta_\varrho \varepsilon_b}{2\pi} \dfrac{t^2}{2}$. Da ε_b und t beide negativ sind, wird auch der Ausdruck für den Zuwachs von ϱ negativ, man erhält also keinen Zuwachs, sondern eine Verminderung, und zwar des Halbmessers, der bei $t = t_F$ vorhanden ist, also von R. ϱ ist also in jedem Zeitpunkte

$$= R - \frac{\varDelta_\varrho \varepsilon_b \cdot t^2}{2\pi \cdot 2} \quad \text{und}$$

am Anfang der Verzögerung, also am Ende von t_2

$$r_2 = R - \varDelta_\varrho \frac{\varepsilon_b}{2\pi} t_3 \cdot \frac{t_3}{2} =$$

$$= R - \varDelta_\varrho n_0'' \frac{t_3}{2}. \quad (4)$$

Dies muß denselben Wert für r_2 ergeben, wie Gleichung (3).

b) **Berechnung der jeweiligen Werte von v.**

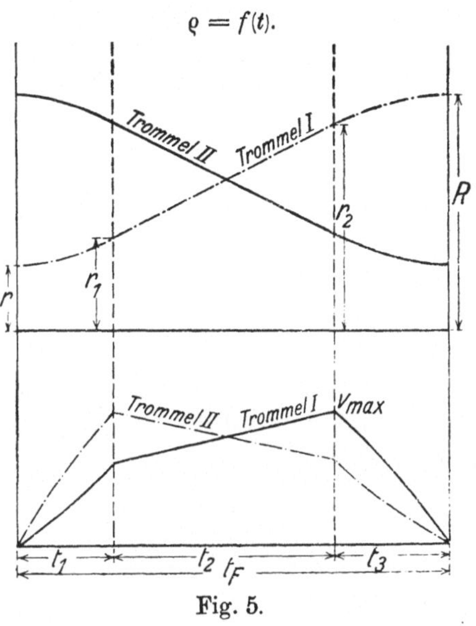

Fig. 5.

$r - t$ Diagramm bei veränderlichem Halbmesser ϱ.

Man erhält nun die jeweiligen Werte für v, indem man die Momentanwerte von ω mit den entsprechenden Momentanwerten von ϱ multipliziert. Es sind hier naturgemäß wieder dieselben Abschnitte zu unterscheiden.

α) **Beschleunigungsperiode t_1.** Hier ist

$$\omega = \varepsilon_a t,$$

$$\varrho = r + \varDelta_\varrho \frac{\varepsilon_a}{2\pi} \frac{t^2}{2},$$

also

$$v = \omega \cdot \varrho = \varepsilon_a r t + \frac{\varDelta_\varrho \varepsilon_a^2}{2\pi} \frac{t^3}{2}.$$

Dies gibt für $t = 0$, $v = 0$ und für $t = t_1$:

$$v_1 = \omega_0 \left(r + \varDelta_\varrho r n_0'' \frac{t_1}{2} \right)$$

und aus Vergleich mit Gleichung (2)

$$v_1 = \omega_0 r_1.$$

β) **Volle Fahrt** t_2. Hier ist

$$\omega = \text{konst.} = \omega_0.$$

$$\varrho = r_1 + \varDelta_\varrho \frac{\omega_0}{2\pi} t,$$

also

$$v = \omega_0 \left(r_1 + \varDelta_\varrho \frac{\omega_0}{2\pi} t \right).$$

Dies gibt für $t = 0 : v = \omega_0 r_1 = v_1$; und für

$$t = t_2 : v = \omega_0 (r_1 + \varDelta_\varrho n_0'' t_2) = \omega_0 r_2. \tag{5}$$

γ) **Verzögerungsperiode** t_3. Hier ist

$$\omega = \varepsilon_b t,$$

$$\varrho = R - \frac{\varepsilon_b \varDelta_\varrho}{2\pi} \frac{t^2}{2},$$

also

$$v = \varepsilon_b R t - \frac{\varDelta_\varrho \varepsilon_b^2}{2\pi} \frac{t^3}{2}.$$

Dies gibt für $t = 0$ (also am Ende von t_F) $v = 0$, und für $t = t_3$

$$v = \omega_0 \left(R - \varDelta_\varrho n_0'' \frac{t^3}{2} \right) = \omega_0 r_2 = v_2.$$

3. Fläche des $v - t$-Diagramms.

Da $v = \dfrac{dh}{dt}$ ist, wo h der zurückgelegte Weg ist, so wird $dh = v\, dt$ und

$$h = \int_0^{t_F} v\, dt$$

der während t_F zurückgelegte Weg, also die Teufe H. Nun ist aber $\displaystyle\int_0^{t_F} v\, dt$ nichts anderes als der Flächeninhalt F des $v - t$-Diagramms, also ist

$$F = H.$$

Ist ϱ konstant wie bei zylindrischen Trommeln und Köpe-scheiben, so ist also

$$H = F = v_0 \left(\frac{t_1}{2} + t_2 + \frac{t_3}{2} \right)$$

und daraus läßt sich genau wie oben für ω_0 ableiten:

$$v_0 = t_F k' - \sqrt{t_F^2 k'^2 - 2 H k'}, \tag{6}$$

wobei jetzt $k' = \dfrac{p_a p_b}{p_a + p_b}$ ist. ($k' = r k$.) (Bei veränderlichem

p_a ist $k' = \dfrac{3 p_a p_b}{3 p_a + 4 p_b}$ (vgl. 3. 6.).

Ist ϱ veränderlich wie bei konischen Trommeln und Bo-binen, so stellt zwar auch der Flächeninhalt des $v - t$-Diagramms die Teufe H dar, doch wird der mathematische Ausdruck für den Flächeninhalt komplizierter, weil die Begrenzungslinie nicht durchweg aus Geraden besteht. Deswegen benutzt man bei veränderlichem Halbmesser vorteilhaft das $\omega - t$-Diagramm.

Bei Leonardanlagen kann man es durch geeignete Vor-richtungen (Kurvenscheiben am Teufenzeiger, gegen die der Steuerhebel gedrückt wird) er-reichen, daß die Geschwindigkeit nach einer Parabel ansteigt. Dies hat den Vorteil, daß die Spitzen-leistung (vgl. Abschnitt X) erheb-lich reduziert wird, doch wird andererseits die Anfahrzeit bedeu-tend länger, aber auch die Fahr-zeit t_2 entsprechend kürzer.

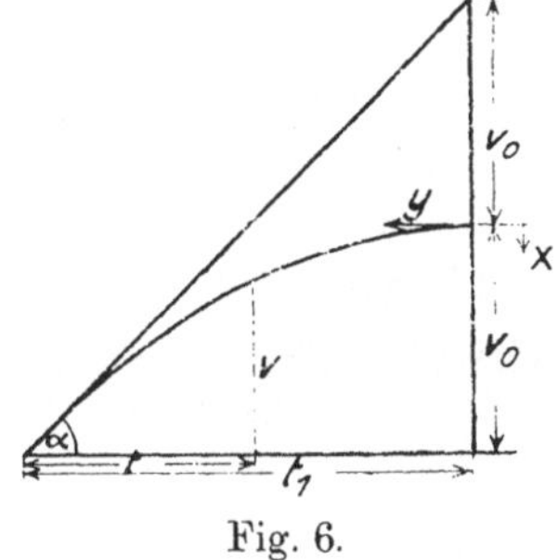

Fig. 6.

Die Neigung dieser Parabel an irgend einem Punkte ist gleich der Anfahrbeschleunigung zu der entsprechenden Zeit t. Die stärkste Neigung besteht im Punkte $t = 0$, sie ist die maximale Beschleunigung.

Die allgemeine Parabelgleichung

$$y^2 = 2 p \cdot x$$

geht in diesem Falle über in

$$(t_1 - t)^2 = \frac{t_1^2}{v_0} (v_0 - v).$$

Der Parameter ist also $2p = \dfrac{t_1{}^2}{v_0}$. Die Neigung der Parabel, also in diesem Falle die Beschleunigung in irgend einem Zeitpunkte t ist

$$p_a = \operatorname{tg} \alpha = \frac{y}{p} = (t_1 - t)\frac{2\,v_0}{t_1{}^2} = \frac{2\,v_0}{t_1} - \frac{2\,v_0}{t_1{}^2}\,t.$$

Sie nimmt also von einem Maximalwerte $\dfrac{2\,v_0}{t_1}$ bei $t = 0$ gradlinig bis auf Null ab.

Die Geschwindigkeit an irgend einem Punkte t ergibt sich aus der Parabelgleichung zu

$$v = v_0\left[1 - \frac{(t_1 - t)^2}{t_1{}^2}\right].$$

Berechnet man hieraus die einzelnen Punkte der Parabel und nimmt man an, daß die Verzögerung wieder konstant ist, so erhält das $v - t$-Diagramm die folgende Form:

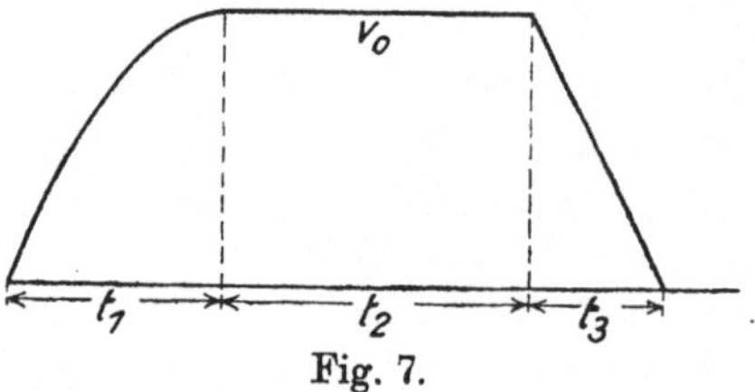

Fig. 7.

Liegt $p_{a_{max}}$ fest (durch Wahl oder Berechnung, wie später gezeigt werden wird), so ergibt sich die Anfahrzeit t_1 zu

$$t_1 = \frac{2\,v_0}{p_{a_0}}.$$

Der während der Zeit t zurückgelegte Weg ist

$$h = v_0\left(\frac{t^2}{t_1} - \frac{t^3}{3\,t_1{}^2}\right),$$

also der Weg während der Anfahrzeit t_1

$$h_1 = \frac{2}{3}\,v_0\,t_1.$$

Es ist hier noch von Interesse, allgemein festzustellen, wie sich bei gleichbleibender Höchstgeschwindigkeit v die Gesamtfahrzeit bei veränderlichem p_a zu der bei konstantem p_a verhält.

Die Anfahrzeit t_1 ist

$$\text{bei konstantem } p_a\colon t_1 = \frac{v_0}{p_a},$$

$$\text{bei veränderlichem } p_a\colon t_1 = \frac{2\,v_0}{p_{a_0}}.$$

Sie ist also bei veränderlichem p_a doppelt so groß, wenn hierbei die maximale Beschleunigung $p_{a_0} = p$ gesetzt wird.

Der während der Anfahrperiode zurückgelegte Weg ist

$$\text{bei konstantem } p_a\colon h_1 = \frac{1}{2}\,v_0 t_1 = \frac{1}{2}\,\frac{v_0^2}{p_a},$$

$$\text{bei veränderlichem } p_a\colon h_1 = \frac{2}{3}\,v_0 t_1 = \frac{4}{3}\,\frac{v_0^2}{p_{a_0}}.$$

Er ist also bei veränderlichem p_a um $\dfrac{5}{6}\dfrac{v_0^2}{p_a}$ länger als bei konstantem p_a.

Für den nach Ablauf von t_1 noch zurückzulegenden Weg $H - h_1$ steht die Zeit $t_2 + t_3$ zur Verfügung. Es ist also

$$H - h_1 = v_0 t_2 + \frac{v_0 t_3}{2}.$$

Setzt man hierin die beiden oben gefundenen Werte für h_1 ein und löst die Gleichungen nach t_2 auf, so ergibt sich

$$\text{für konstantes } p_a\colon \quad t_2 = \frac{H}{v_0} - \frac{1}{2}\frac{v_0}{p_b} - \frac{1}{2}\frac{v_0}{p_a}$$

$$\text{und für veränderliches } p_a\colon t_2 = \frac{H}{v_0} - \frac{1}{2}\frac{v_0}{p_b} - \frac{4}{3}\frac{v_0}{p_a},$$

t_2 ist also bei veränderlichem p_a um $\dfrac{5}{6}\dfrac{v_0}{p_a}$ kürzer als bei konstantem p_a. Daraus ergibt sich, daß die Gesamtfahrzeit $t_F = t_1 + t_2 + t_3$ bei veränderlichem p_a nur um $\dfrac{v_0}{p_a} - \dfrac{5}{6}\dfrac{v_0}{p_a} = \dfrac{1}{6}\dfrac{v_0}{p_a}$ länger wird als bei konstantem p_a.

Dritter Abschnitt.

Trägheitsmomente.

1. Trägheitsmoment eines Massenkörpers heißt der Ausdruck für die Summe der Produkte aus den Massenteilchen dm des Körpers und dem Quadrat ihrer Entfernungen von einer Geraden (der Achse).

$$J = \int r^2 dm.$$

Dimensionen von J:

> a) im technischen Maßsystem: m/kg/sec^2,
> b) im C-G-S-System: g/cm^2.

2. Trägheitsmoment eines geometrischen (also masselosen) Körpers oder geometrisches Trägheitsmoment heißt der Ausdruck für die Summe der Produkte aus den Volumenteilchen dv des Körpers und dem Quadrat ihrer Entfernungen von einer Achse.

$$J_g = \int r^2 \, dv.$$

Dimensionen von J_g:

> a) im technischen Maßsystem: m^5,
> b) im C-G-S-System: cm^5.

3. J und J_g stehen im Verhältnis $m : v$ zueinander, also ist

$$J : J_g = m : v = \frac{G}{g} : \frac{G}{\gamma},$$

wobei

> G das Gewicht in kg,
> g die Erdbeschleunigung und
> γ das spezifische Gewicht ist.

Also ist

$$J = \frac{\gamma}{g} \, J_g.$$

4. Unter Trägheitsmoment ebener Flächen versteht man den Ausdruck für die Summe der Produkte aus den Flächen-

elementen dF und dem Quadrat ihrer Entfernungen r von einer Achse.

$$J = \int r^2\, dF.$$

Liegt die Achse, auf die das Moment bezogen ist, innerhalb der Fläche, so hat man ein achsiales (oder äquatoriales) Trägheitsmoment. Steht die Achse senkrecht zur Flächenebene, so hat man ein polares Trägheitsmoment. Bezeichnet man die achsialen Trägheitsmomente, bezogen auf zwei senkrecht aufeinander stehende Achsen mit J_x und J_y, so ist das polare Trägheitsmoment, bezogen auf eine Achse, die im Schnittpunkt der beiden andern auf der Flächenebene senkrecht steht:

$$J_P = J_x + J_y.$$

5. An Stelle des unter 1 gegebenen Ausdrucks für J kann man auch einen Ausdruck bilden, der die Gesamtmasse m des Körpers enthält. Dieser ist

$$J = m \cdot k^2,$$

wobei k der sogenannte Trägheitsradius ist.

6. Die Arbeit, die erforderlich ist, um ein Massenelement dm aus dem Ruhezustand auf die Geschwindigkeit v zu bringen, ist

$$dA = \frac{dm \cdot v^2}{2},$$

oder für den ganzen Körper

$$A = \int \frac{dm \cdot v^2}{2}.$$

Bei drehender Bewegung ist an Stelle von v $\omega \cdot r$ zu setzen, und damit wird

$$A = \int \frac{dm \cdot r^2 \cdot \omega^2}{2} = \frac{J \cdot \omega^2}{2}. \tag{7}$$

7. Sind mehrere Körper auf verschiedenen Wellen befestigt, die durch irgend ein Getriebe (Zahnräder, Seil usw.) miteinander verbunden, von einer Antriebsmaschine in Bewegung versetzt werden, so wird die Untersuchung der Bewegung vereinfacht, wenn die Trägheitsmomente der einzelnen rotierenden Teile in bezug auf ihre Drehachsen auf eine Haupt-

welle bezogen werden, um einen Gesamtausdruck für die Trägheitsmomente sämtlicher rotierender Teile zu erhalten.

Im allgemeinsten Falle haben die einzelnen Wellen und also auch die mit ihnen verbundenen Massen der rotierenden Körper verschiedene Winkelgeschwindigkeiten oder Umlaufzahlen. Man versteht dann unter dem auf eine Welle W_2

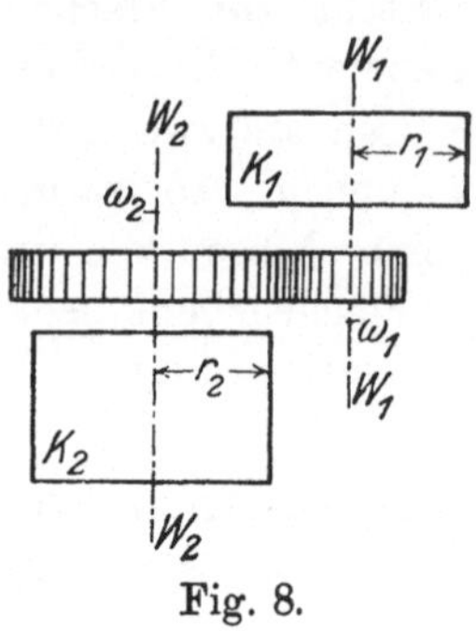

Fig. 8.

mit der Winkelgeschwindigkeit ω_2 reduzierten Trägheitsmoment eines Körpers das Trägheitsmoment einer gedachten Masse, die bei der Winkelgeschwindigkeit ω_2 denselben Betrag von Beschleunigungsarbeit verbrauchen würde, wie der Körper mit seiner wirklichen Masse und seiner Winkelgeschwindigkeit ω_1. Wird also das Trägheitsmoment J eines Körpers K_2 (vgl. Figur 8) in bezug auf seine Achse, die mit ω_1 oder n_1 umläuft, reduziert auf eine Welle W_2, deren Winkelgeschwindigkeit ω_2 (entsprechend n_2) ist, so lautet die Bedingung gleicher Beschleunigungsarbeit

$$J_{red}\,\frac{\omega_2{}^2}{2} = J \cdot \frac{\omega_1{}^2}{2}\,.$$

Daraus folgt

$$J_{red} = \frac{\omega_1{}^2}{\omega_2{}^2}\,J = \frac{n_1{}^2}{n_2{}^2}\,J. \tag{8}$$

Befindet sich auf der Welle W_2 ein Körper K_2 mit einem Trägheitsmoment (bezogen auf seine Drehachse) J_2, so ist das Gesamtträgheitsmoment der beiden Körper K_1 und K_2 bezogen auf die Welle W_2

$$J'' = J_2 + J_{red}.$$

Diese Art der Berechnung kommt bei Förderanlagen zur Anwendung, wenn der Antriebsmotor die Förderwelle mittels Vorgelege antreibt.

Sind die verschiedenen rotierenden Massen so durch ein Getriebe verbunden, daß die Umfangsgeschwindigkeit beider Körper gleich ist, wobei dann bei verschiedenen Halbmessern

Winkelgeschwindigkeiten und Umlaufszahlen verschieden sind, ist also

$$\omega_1 = \frac{v}{r_1} \text{ und } \omega_2 = \frac{v}{r_2},$$

so wird

$$J_{red} = \frac{r_2{}^2}{r_1{}^2} J. \tag{8a}$$

Dies ist z. B. der Fall bei der Reduktion des Trägheitsmomentes der Seilscheiben auf die Förderwelle.

Wie man aus dem Trägheitsmoment eines Körpers den Wert der auf irgend einen Halbmesser an seiner Drehachse reduzierten Masse ableiten kann, indem man durch das Quadrat dieses Halbmessers dividiert, so ergibt sich aus dem reduzierten Trägheitsmoment eine auf einen Halbmesser r_2 an der Bezugswelle reduzierte Masse zu

$$m_{red} = \frac{J_{red}}{r_2{}^2} = \frac{J}{r_2{}^2} \frac{\omega_1{}^2}{\omega_2{}^2} = \frac{J}{r_2{}^2} \frac{n_1{}^2}{n_2{}^2}. \tag{9}$$

Ist die Umfangsgeschwindigkeit der beiden Körper gleich (wie z. B. bei Seilscheiben und Trommeln), so wird da wieder

$$\omega_1 = \frac{v}{r_1} \text{ und } \omega_2 = \frac{v}{r_2} \quad m_{red} = \frac{J}{r_2{}^2} \cdot \frac{r_2{}^2}{r_1{}^2} = \frac{J}{r_1{}^2}. \tag{9a}$$

Ist die Winkelgeschwindigkeit beider Körper gleich, so wird

$$m_{red} = \frac{J}{r_2{}^2}. \tag{9b}$$

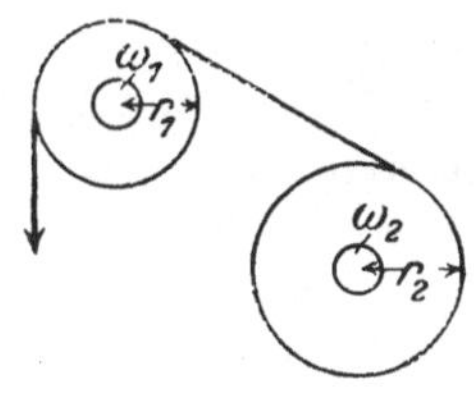

Fig. 9.

Dies ist z. B. der Fall bei der Reduktion von Massen von Körpern, die auf derselben Welle sitzen. Hierher gehört die Reduktion der Masse des Antriebsmotors auf den Halbmesser des Seillaufs.

8. In der technischen Praxis wird an Stelle des Trägheitsmoments häufig das Schwungmoment GD^2 benutzt, wobei G das Gewicht des Körpers und $D = 2k$ sein Trägheitsdurchmesser ist. Demnach ist

$$GD^2 = m \cdot g \cdot 4k^2 = 4g \cdot J.$$

Das Schwungmoment kann ähnlich wie das Trägheitsmoment auf eine andere Welle mit der Winkelgeschwindigkeit ω_2 bezogen werden und es gilt dann analog

$$GD^2{}_{red} = GD^2\,\frac{\omega_1{}^2}{\omega_2{}^2} = GD^2\,\frac{n_1{}^2}{n_2{}^2}\,. \tag{10}$$

Den Wert $\dfrac{GD^2{}_{red}}{4\,r_2{}^2}$ nennt man das auf r_2 reduzierte (Schwung-) Gewicht des Körpers.

Vierter Abschnitt.

Momentendiagramme[1]).

Bei Förderanlagen versteht man unter Moment im engeren Sinne das von den bewegten Massen herrührende und von der Antriebsmaschine zu überwindende Moment.

Auf die Förderwelle wirken zwei Arten von Momenten. Erstens das rein statische Lastmoment, herrührend von den am Umfang des rotierenden Systems hängenden Lasten, also dargestellt durch das Produkt aus den Gewichten der am Seil hängenden Massen (einschließlich des Eigengewichts des Seils) und dem Hebelarm, d. h. dem jeweiligen Halbmesser, an dem diese Gewichte angreifen. Zweitens die dynamischen Momente, die dadurch entstehen, daß sämtliche bewegte Massen beschleunigt oder verzögert werden müssen. Während die Lastmomente während des ganzen Zuges vorhanden sind, treten die dynamischen Momente natürlich nur während der Beschleunigungs- und Verzögerungsperiode auf.

Die Kräfte, die die statischen Momente erzeugen, sind die Gewichte der an einem Seiltrum hängenden Lasten, also am Lasttrum: Nutzlast N, Fördergefäß G_F und ein veränderliches Stück Seil s_{x_I}; am andern Trum das Fördergefäß G_F und ein veränderliches Stück Seil $s_{x_{II}}$. Als Kräfte kann man

---

[1]) Im folgenden ist, um die abgeleiteten Gleichungen nicht unnötig zu komplizieren, stets die Bewegung der Lasten in einem senkrechten Schacht angenommen. Ist der Schacht gegen die Horizontale um den Winkel α geneigt, so sind alle Gewichte der Massen im Schacht mit $\sin\alpha$ zu multiplizieren.

ferner rechnen die mechanischen Verluste, herrührend von Schacht-
reibung, Seilbiegungs- und Luftwiderstand sowie Maschinen-
reibung, V, die bei den aufwärtsgehenden Massen das Moment
vergrößern, bei den abwärtsgehenden das Moment verkleinern.

Das statische Moment am Nutzlasttrum ist also

$$M_{st_I} = (N + G_F + s x_I + V_1)\varrho$$

und das am andern Trum

$$M_{st_{II}} = - (G_F + s x_{II} - V_2)\varrho$$

(negativ, weil es im entgegengesetzten Sinne wirkt wie M_{st_I}).

Der Gesamtbetrag des dynamischen Moments setzt sich
in jedem Punkte aus zwei Teilbeträgen zusammen. Diese
beiden Beträge entstehen

a) durch die Bewegungsänderung
der hin- und hergehenden Massen
m', die auch das Lastmoment bilden.
Sollen diese Massen m' beschleunigt
oder verzögert werden, so muß auf sie
eine beschleunigende oder verzögernde
sogenannte Massenkraft P wirken, die
durch das Seil auf das rotierende System
übertragen, den einen Teil M_d' des an
der Förderwelle angreifenden dynamischen Moments bildet.

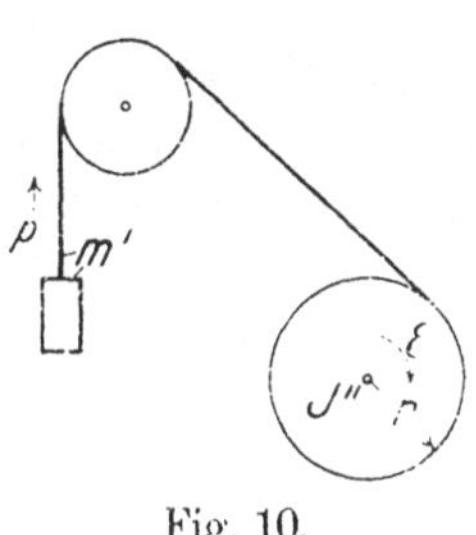

Fig. 10.

$$M_d' = P \cdot r = m' \cdot p \cdot r.$$

b) Durch die Bewegungsänderung sämtlicher rotierenden Teile. Ihre Massen verursachen ein dynamisches Mo-
ment, dessen Ausdruck $M_d'' = J'' \cdot \varepsilon = m_{red}'' \varepsilon \cdot r^2$, oder auch, da

$$m_{red}'' = \frac{G D_{red}^2}{4 g r^2},$$

$$M_d'' = \frac{G D_{red}^2}{4 g r^2} \cdot r^2 \cdot \varepsilon = \frac{G D_{red}^2}{4 g} \cdot \varepsilon.$$

Hierin ist m_{red}'' die auf die Seilmitte, also r reduzierte
Gesamtmasse der rotierenden Körper, abgeleitet von ihrem
Gesamtträgheitsmoment J'', bezogen auf die Förderwelle.

Bei der Fördermaschine treten die unter a und b genannten
Teilbeträge des dynamischen Moments gleichzeitig auf und

ihre Summe bildet das dynamische Gesamtmoment M_d. Es ist also

$$M_d = M_d' + M_d'' = m' \cdot p \cdot r + m_{red}'' \cdot \varepsilon \cdot r^2, \quad \text{und da} \quad \varepsilon = \frac{p}{r}$$

$$M_d = m' \cdot p \cdot r + m_{red}'' \cdot p \cdot r \quad \text{oder} \quad = p \cdot r \, (m' + m_{red}'') = p \cdot r \cdot m.$$

Das gesamte dynamische Moment M_d läßt sich aber auch auf einen Ausdruck der Form $J \cdot \varepsilon$ bringen. Die geradlinig bewegten Massen m' bilden am Umfang des rotierenden Systems mit dem Quadrat des Halbmessers r multipliziert einen Ausdruck, den man ansehen kann als das Trägheitsmoment $J' = m' \cdot r^2$ eines gedachten Körpers, dessen auf den Radius r reduzierte Masse m' ist. In diesem Falle ist also

$$M_d = M_d' + M_d'' = m' \cdot p \cdot r + J'' \cdot \varepsilon \quad \text{und da} \quad p = \varepsilon \cdot r,$$
$$M_d = m' \cdot \varepsilon \cdot r^2 + J'' \cdot \varepsilon = J' \cdot \varepsilon + J'' \cdot \varepsilon = \varepsilon \cdot (J' + J'') = \varepsilon \cdot J.$$

Bei Berechnung von Anlagen, bei denen der wirksame Hebelarm der Lasten konstant ist, also bei zylindrischen Trommeln und Treibscheiben, wählt man meist den ersteren Weg, man rechnet also nur mit Massen und erhält das dynamische Gesamtmoment in der Form

$$M_d = m \cdot p \cdot r.$$

Bei Anlagen mit veränderlichem Hebelarm der Lasten, also bei konischen Trommeln und Bobinen, wird zweckmäßig der zweite Weg eingeschlagen, bei dem man also nur mit Trägheitsmomenten rechnet und das dynamische Gesamtmoment in der Form erhält

$$M_d = J \cdot \varepsilon.$$

Unter Momentendiagramm versteht man die graphische Darstellung des Verlaufs der aus den Einzelmomenten resultierenden Gesamtmomente während des ganzen Zuges.

Die resultierenden Lastmomente ergeben sich bei doppeltrümiger Förderung als Summe der jeweiligen Größe des Lastmoments am Nutzlasttrum M_{st_I} und des Lastmoments am andern Trum $M_{st_{II}}$. Bei eintrümiger Förderung ist nur ein Lastmoment vorhanden, welches also das resultierende darstellt.

Wie schon im Anfange dieses Abschnittes erwähnt, sind zu den Kräften, die die Lastmomente bilden, auch die Verluste V_1 und V_2 zu rechnen. Die genaue Bestimmung dieser

Verluste ist äußerst unsicher und man nimmt sie deshalb in der Praxis im allgemeinen als gleich an, setzt also $V_1 = V_2$. Ferner rechnet man sie als während des ganzen Zuges konstant.

Ihre Größe wird in der Praxis meist empirisch festgesetzt und auf verschiedene Annahmen basiert. Häufig setzt man sie der Nutzlast N proportional und zwar $V_1 = V_2 = \dfrac{N}{2}\left(\dfrac{1}{\eta_s \cdot \eta_m} - 1\right)$, wo η_s den Schachtwirkungsgrad mit Berücksichtigung von Seilbiegung und Luftwiderstand und η_m den mechanischen Wirkungsgrad der Fördermaschine mit Berücksichtigung der mechanischen Verluste des Antriebsmotors darstellt. Der gesamte mechanische Wirkungsgrad $\eta_s \eta_m$ kann bei direkter Kuppelung von Förderwelle und Motor bei Köpemaschinen und einer Fördergeschwindigkeit bis etwa 15 m/sek. zu 0,85 bis 0,90 (je nach dem Zustand des Schachts), bei größeren Geschwindigkeiten und bei Trommelmaschinen etwas niedriger angenommen werden. Bei Antrieb der Förderwelle mittels Vorgelege ist der obige Wert noch mit dem Wirkungsgrad des Vorgeleges zu multiplizieren.

Zu den resultierenden Lastmomenten ist während der Beschleunigungsperiode das durch die Beschleunigung der Massen entstehende dynamische Gesamtmoment zu addieren, während der Verzögerungsperiode das Verzögerungsmoment abzuziehen.

Während der Beschleunigungsperiode muß also die Antriebsmaschine ein Moment hergeben, das gleich der Summe des resultierenden Lastmoments und des Beschleunigungsmoments ist (Gesamtmoment M_1). Da beim Elektromotor das Verhältnis zwischen maximalem und normalem Drehmoment aus elektrischen und sonstigen Konstruktionsgründen festliegt (beim Gleichstrommotor maxi-

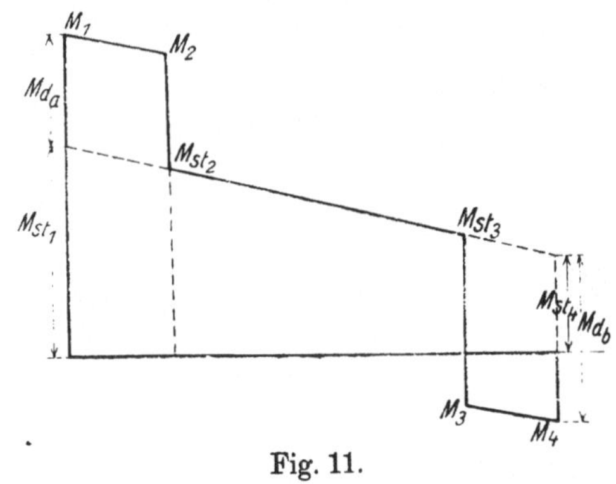

Fig. 11.

males Moment etwa gleich 2 mal dem normalen Moment, beim asynchronen Drehstrommotor gleich 2 bis 2,5 mal dem normalen Moment), wird man dann die günstigste Ausnutzung des Fördermotors erhalten, wenn das normale Moment des Motors angenähert gleich dem Lastmoment und das Verhältnis des Gesamtmomentes M_1 zu dem Lastmoment M_{st} gleich dem Verhältnis des maximalen Motormoments zum normalen ist. Um diese Bedingungen nach Möglichkeit zu erfüllen, kann man setzen

1. bei vollkommenem Seilausgleich (Lastmoment konstant):

$$M_1 = M_{st_1} + M_{d_a} = 2 \text{ bis } 2{,}5 \; M_{st_1}$$

und

$$M_{d_a} = 1 \text{ bis } 1{,}5 \; M_{st} = m \cdot p_a \cdot r = J \cdot \varepsilon_a$$

also

$$p_a = \frac{(1 \text{ bis } 1{,}5) \; M_{st}}{m \cdot r} \quad \text{oder} \quad \varepsilon_a = \frac{(1 \text{ bis } 1{\cdot}5) \; M_{st}}{J},$$

2. ohne Seilausgleich (Lastmoment veränderlich):

$$M_1 = M_{st_1} + M_{d_a} = (2 \text{ bis } 2{,}5) \; \frac{M_{st_1} + M_{st_4}}{2}$$

und

$$M_{d_a} = (0 \text{ bis } 0{,}25) \; M_{st_1} + (1 \text{ bis } 1{,}25) \; M_{st_4} = m \cdot p_a \cdot r = J \cdot \varepsilon_a$$

also

$$p_a = \frac{(0 \sim 0{\cdot}25) \; M_{st_1} + (1 \sim 1{\cdot}25 \; M_{st_4})}{m \cdot r}$$

oder

$$\varepsilon_a = \frac{(0 \sim 0{\cdot}25) \; M_{st_1} + (1 \sim 1{\cdot}25) \; M_{st_4}}{J}.$$

Bei zylindrischen Trommeln und besonders bei Köpescheiben ergeben diese Beziehungen wegen der kleinen Massen häufig Werte für p_a und ε_a, die über dem zulässigen Maximum liegen, also nicht ausgeführt werden dürfen. Andererseits ergeben sie bei großen Massen (konischen Trommeln) häufig Werte für p_a und ε_a, die sehr klein sind und deshalb bei festliegender Fahrzeit eine zu große Fördergeschwindigkeit und ein sonst ungünstiges Geschwindigkeitsdiagramm ergeben. Immerhin ist es aber wünschenswert, sich an Hand obiger Beziehungen von vornherein zu vergewissern, wo in Anbetracht günstiger elektrischer Verhältnisse der günstigste Wert von p_a und ε_a ungefähr liegt. Man vermeidet auf diese Weise, daß nur infolge eines großen Beschleunigungsmoments ein Motor vorzusehen ist, der dann während des Förderns mit voller Geschwindigkeit schlecht ausgenutzt ist, also mit geringem Wirkungsgrad arbeitet.

Während der Verzögerungsperiode treten die für den Betrieb günstigsten Verhältnisse dann ein, wenn die Massen ohne Beeinflussung durch die Antriebsmaschine oder die Bremsen von selbst zur Ruhe kommen. In diesem Falle steht für die Verzögerung nur ein Moment zur Verfügung, das gleich dem resultierenden Lastmoment am Anfang der Verzögerungsperiode oder auch angenähert gleich dem am Ende des Zuges M_{st_1} ist. Die Umfangskraft, die diesem Lastmoment entspricht, ist der Richtung der Bewegung entgegengesetzt und bringt deshalb eine Verzögerung sämtlicher bewegten Massen m (einschließlich der rotierenden) hervor von der Größe:

$$p_b' = \frac{M_{st_1}}{m \cdot r} \tag{11}$$

oder

$$\varepsilon_b' = \frac{M_{st_1}}{J} . \tag{11 a}$$

Die Massen kommen dann in der Zeit

$$t_3' = \frac{v_0}{p_b'} = \frac{\omega_0}{\varepsilon_b'}$$

zur Ruhe.

Legt man der Berechnung der Anlage diese günstigsten Verhältnisse zugrunde, so muß man die obigen Werte p_b' oder ε_b' und t_3' als p_b oder ε_b und t_3 einführen.

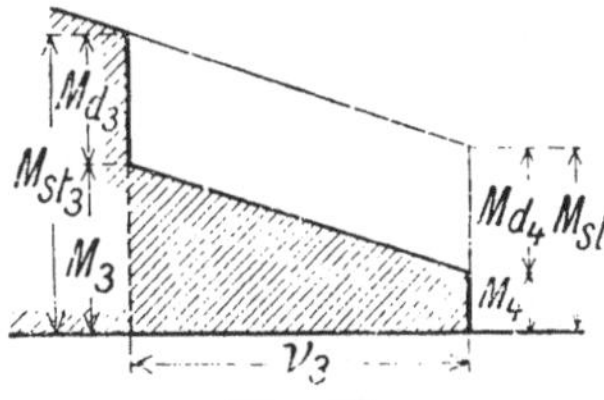

Dies ist nicht in allen Fällen möglich. Erstens kann der Wert von p_b' oder ε_b' größer sein als bei den gegebenen Betriebsverhältnissen als zulässig erachtet wird. Man muß also die Verzögerung verkleinern,

Fig. 12.

was erreicht wird durch weitere Zuführung von Energie durch die Antriebsmaschine, also Aufbringung eines positiven Moments während der Verzögerungsperiode. Die jeweilige Größe des letzteren ist gleich den Ordinaten der in umstehender Figur schraffierten Fläche.

Ein solcher Fall tritt zuweilen auf, wenn die Gesamtmassen klein sind im Verhältnis zu der verzögernden Kraft, also den am Seile wirkenden Gewichten, z. B. bei manchen Anlagen mit Köpescheiben oder leichten zylindrischen Trommeln.

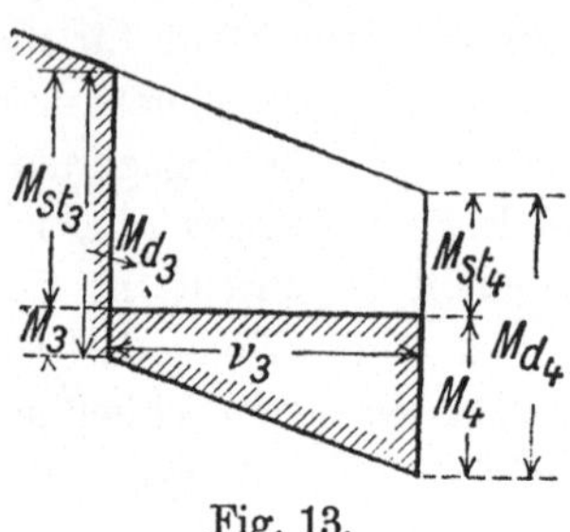

Fig. 13.

Zweitens kann der Wert für t_3' größer sein als die nach dem Förderprogramm für die Verzögerung zur Verfügung stehende Zeit t_3. Dann muß die Verzögerung p_b' vergrößert werden, was durch Bremsung auf elektrischem oder mechanischem Wege geschieht. Dadurch wird ein negatives Moment erzeugt, wie in nebenstehender Figur dargestellt.

Dieser zweite Fall tritt häufig ein, wenn die Gesamtmasse groß im Verhältnis zu den am Seil hängenden Gewichten ist, also bei manchen Anlagen mit konischen oder schweren zylindrischen Trommeln.

Drittens kann noch der Fall eintreten, daß das Lastmoment bei Beginn der Verzögerungsperiode negativ ist. Dies tritt dann ein, wenn das Moment am Nutzlasttrum kleiner ist als das am andern Trum. Das Lastmoment bewirkt dann keine Verzögerung, sondern eine Beschleunigung $- p_b'$ der Massen. Es muß also in jedem Falle gebremst werden, und zwar muß erstens die Beschleunigung $- p_b'$ durch eine gleich große und entgegengesetzt gerichtete Verzögerung $+ p_b'$ aufgehoben und außerdem noch die tatsächlich verlangte Verzögerung p_b erzeugt werden. Die zu erzeugende Gesamtverzögerung ist also gleich $p_b' + p_b$, entsprechend dem Gesamtmoment $- M_4$ auf nebenstehender Figur.

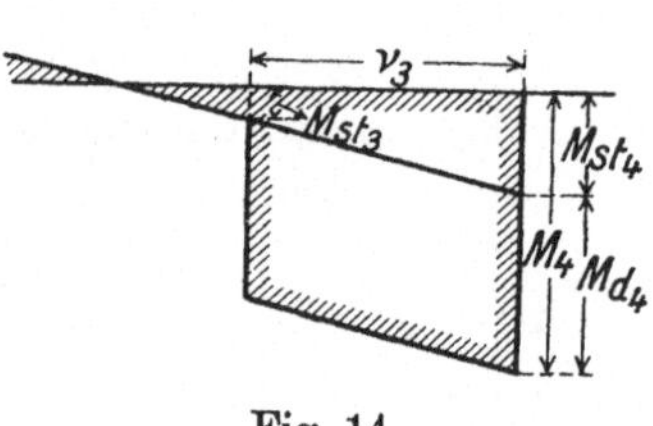

Fig. 14.

Diese Verhältnisse können eintreten bei großen Teufen, wenn das Seilgewicht größer als die Nutzlast ist.

Einhängen von Lasten.

Beim Einhängen von Lasten ist die Bewegungsrichtung der Massen die entgegengesetzte wie die bei normaler Förderung. Während bei normaler Förderung das resultierende Lastmoment von der Antriebsmaschine zu überwinden ist, also Energieverbrauch bedingt, liefert beim Einhängen von Lasten das resultierende Lastmoment Arbeit, kann also Energie erzeugen. Um den prinzipiellen Unterschied auszudrücken, gibt man den einzelnen Lastmomenten in den beiden Fällen verschiedene Vorzeichen.

Wenn man bei normaler Förderung das Lastmoment am Nutzlasttrum mit positivem Vorzeichen, das am andern Trum negativ eingeführt hat, ist beim Einhängen von Lasten das Lastmoment am Nutzlasttrum negativ, das am andern positiv zu setzen. Es ist also beim Einhängen:

das Lastmoment am Nutzlasttrum

$$M_{st_I} = -\,(N + G_F + s_{x_1} - V_I)\,\varrho,$$

das am andern Trum

$$M_{st_{II}} = +\,(G_F + s_{x_{II}} + V_{II})\,\varrho,$$

und das resultierende Lastmoment wieder gleich der algebraischen Summe beider, d. h. also gleich $-\,M_{st_I} + M_{st_{II}}$. In den Formeln sind die Vorzeichen von V_I und V_{II} dadurch bestimmt, daß die Reibung der Bewegung entgegenwirkt.

Abgesehen von ganz großen Teufen ist M_{st_I} immer größer als $M_{st_{II}}$ und das resultierende Lastmoment M_{st} wird während des ganzen Zuges negativ. Da es im Sinne der Bewegung wirkt, erteilt es den gesamten Massen m eine Beschleunigung, die seiner jeweiligen Größe proportional ist. So ist am Anfang des Zuges die absolute Größe der Beschleunigung

$$p_{a_1}{}' = \frac{M_{st_1}}{m \cdot r} \quad \text{oder} \quad \varepsilon_{a_1}{}' = \frac{M_{st_1}}{J}$$

Ist der Wert $p_a{}'$ oder $\varepsilon_a{}'$ größer als die zulässige Beschleunigung p_a oder ε_a, ist also das Lastmoment M_{st} größer als das dynamische Moment M_d, so ist die algebraische Summe beider $-\,M_{st} + M_d$ negativ, z. B. AE am Anfang des Zuges (vgl. Fig. 15). Der jeweilige negative Wert der algebraischen Summe

$- p_a' + p_a$, beziehungsweise das ihr entsprechende Moment ist abzubremsen.

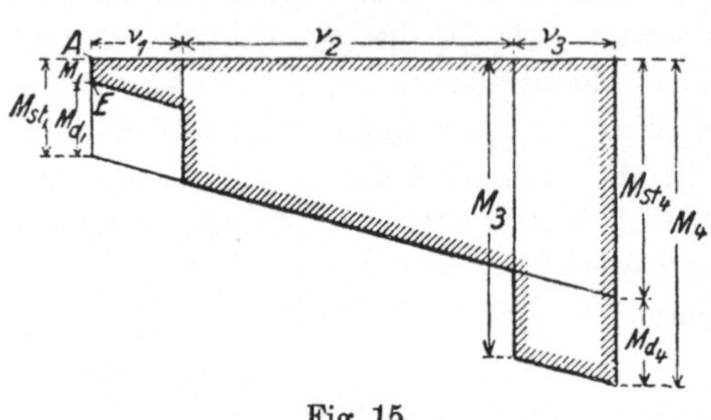

Fig. 15.

Ist p_a' oder ε_a' kleiner als p_a oder ε_a, also das resultierende Lastmoment M_{st} kleiner als das dynamische Moment M_d, so ergibt die Summe $- M_{st} + M_d = M$ einen positiven Wert (z. B. AB am Anfang des Zuges). Die Massen müssen also von der Antriebsmaschine noch eine zusätzliche Beschleunigung von der positiven Größe $+ p_a - p_a'$ erhalten (vgl. Figur 16).

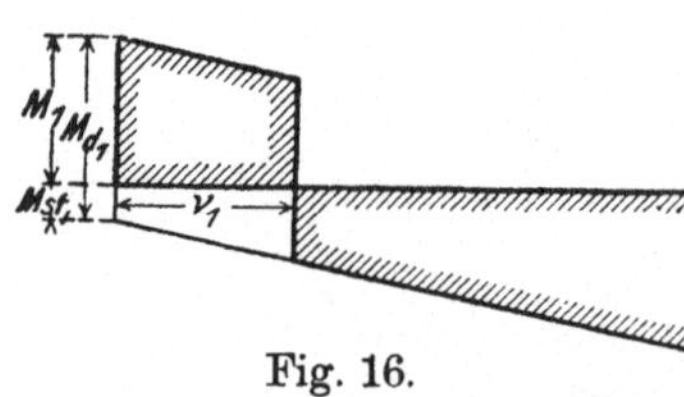

Fig. 16.

In beiden obigen Fällen ist wieder die Beschleunigung p_a oder ε_a als konstant während der Beschleunigungsperiode angenommen.

Dem negativen resultierenden Lastmoment $- M_{st_3}$ am Anfang der Verzögerungsperiode entspricht eine **Beschleunigung** der Massen m von der absoluten Größe

$$p_b' = \frac{M_{st_3}}{m \cdot r} \quad \text{oder} \quad \varepsilon_b' = \frac{M_{st_3}}{J}.$$

Sollen die Massen mit p_b oder ε_b **verzögert** werden, so muß zunächst die Beschleunigung $- p_b'$ oder $- \varepsilon_b'$ aufgehoben werden durch eine Verzögerung $+ p_b'$ oder $+ \varepsilon_b'$ und weiter den Massen eine Verzögerung p_b oder ε_b mitgeteilt werden. Die Gesamtverzögerung ist also gleich $p_b' + p_b$ oder $\varepsilon_b' + \varepsilon_b$, entsprechend dem Gesamtmoment M_3 auf Figur 15.

Eintrümige Förderung.

Die eintrümige Förderung tritt als normale Betriebsart bei Anlagen mit nur einer Trommel auf.

Die allgemeinen Ausführungen dieses Abschnittes sind sinngemäß auch für diesen Fall von Gültigkeit, nur ist zu beachten. daß nach jedem Zug der Nutzlast aus der Teufe H das leere Fördergefäß wieder gesenkt werden muß, ehe ein zweiter Förderzug gemacht werden kann. Der gesamte Zug besteht deshalb aus zwei Teilen (Heben und Senken) und dementsprechend ist für jeden Teil ein besonderes Momentendiagramm aufzustellen. Das erste von ihnen (Heben) ist ein normales Förderdiagramm mit positiven Momenten, das zweite (Senken) ist ähnlich dem Diagramm für das Einhängen von Lasten und zeigt gewöhnlich nur negative Momente. Die beiden Diagramme für einen vollständigen Förderzug sind in der folgenden Figur dargestellt.

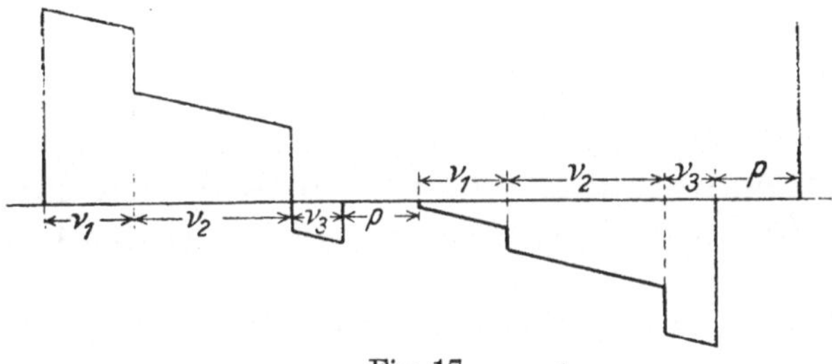

Fig. 17.

Die Abszissen des Momentendiagramms.

Als Abszissen des Momentendiagramms kann man die Größe des im Abstand 1 von der Förderwelle zurückgelegten Bogens φ wählen. In diesem Falle gibt die Fläche des Diagramms die während eines Zuges von der Antriebsmaschine zu leistende (oder abzubremsende) Arbeit. Die Arbeit des Moments ist

$$A = \int M \cdot d\varphi = F.$$

Statt φ wählt man meistens als Abszissen die von der Förderwelle gemachten Umläufe $\nu = \dfrac{\varphi}{2\pi}$. Dann ist die Fläche des Diagramms der von der Antriebsmaschine zu leistenden Arbeit proportional. denn es ist

$$A = 2\pi \int M \cdot d\nu = 2\pi \cdot F.$$

Bei zylindrischen Trommeln und Köpescheiben, wo der Hebelarm der Lasten konstant ist, kann man noch einen Schritt weitergehen und die Momente über der Teufe auftragen. Die Abszissen sind dann ein Maß für den von den Lasten zurückgelegten Weg $h = r \cdot \varphi$ und die von der Antriebsmaschine zu leistende Arbeit ist

$$A = \frac{1}{r} \int M \cdot dh = \frac{1}{r}\, F.$$

Die einzelnen Abszissenabschnitte für Beschleunigung, volle Fahrt und Verzögerung ergeben sich aus dem entsprechenden Geschwindigkeitsdiagramm, wie im Einzelnen später auseinandergesetzt werden wird.

Fünfter Abschnitt.

Momentendiagramme bei Anlagen mit zylindrischen Trommeln und Treibscheiben.

1. Verlauf der Lastmomentenlinie.

Bei Anlagen mit zylindrischen Trommeln und Treibscheiben ist der Hebelarm der Lasten konstant und gleich dem Halbmesser r des rotierenden Systems.

Es bezeichne:

a einen Koeffizienten, der die Art der Förderung bestimmt und zwar so, daß bei doppeltrümiger Förderung $a = 1$, bei eintrümiger Förderung $a = 0$ ist.

b einen andern Koeffizienten, der sich auf das Unterseil bezieht und zwar das Verhältnis des Gewichts pro Meter des Unterseils (σ_u) zu dem des Oberseils (σ) bedeutet. Es ist also $b = \frac{\sigma_u}{\sigma}$. Es bedeutet dann

$b = 0$, daß überhaupt kein Unterseil,

$b = 1$, daß ein Unterseil von gleichem Gewichte wie das des Oberseils vorhanden ist.

Bei Verwendung von Unterseil hängen an jeder Trommel stets H m Seil, die sich aus Ober- und Unterseil zusammensetzen. Wird die jeweilige Länge des Oberseils mit h_x bezeichnet, so ist die entsprechende Länge des Unterseils $H - h_x$. Es hängt also

am Nutzlasttrum: h_{x_1} m Oberseil und $(H - h_{x_1})$ m Unterseil,
am andern Trum: h_{x_2} m Oberseil und $(H - h_{x_2})$ m Unterseil.

Nun bestehen aber bei konstantem Halbmesser r des rotierenden Systems ganz bestimmte Beziehungen zwischen den jeweiligen Seillängen der beiden Trums. Es ist nämlich die am Nutzlasttrum aufgewickelte Länge $(H - h_{x_1})$ gleich der am andern Trum abgewickelten Länge h_{x_2} und damit wird auch $h_{x_1} = H - h_{x_2}$. Man kann deshalb die jeweilige Seillänge an beiden Trums durch die Seillänge nur eines (z. B. des zweiten) Trums ausdrücken und damit ergibt sich

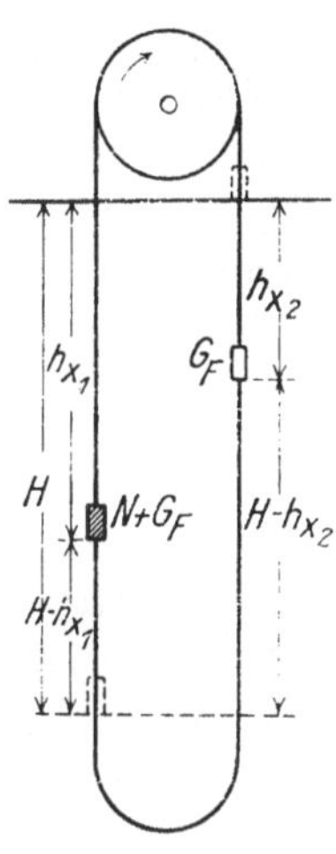

am Nutzlasttrum:
$(H - h_{x_2})$ m Oberseil und h_{x_2} m Unterseil,

am andern Trum:
h_{x_2} m Oberseil und $(H - h_{x_2})$ m Unterseil.

Fig. 18.

Werden diese Längen mit dem Gewicht pro m des Oberseils σ bzw. mit dem des Unterseils $\sigma_u = b\sigma$ multipliziert, so erhält man die jeweiligen Seilgewichte und zwar:

am Nutzlasttrum: $\sigma(H - h_{x_2}) = S - s_{x_2}$ kg Oberseil und
$$b\sigma h_{x_2} = b s_{x_2} \text{ kg Unterseil,}$$
am andern Trum: $\sigma h_{x_2} = s_{x_2}$ kg Oberseil und
$$b\sigma(H - h_{x_2}) = b(S - s_{x_2}) \text{ kg Unterseil.}$$

Setzt man die so gefundenen Werte der Seilgewichte in die allgemein gültigen Momentengleichungen S. 19 ein, so ergeben sich für den allgemeinsten Fall bei zylindrischen Trommeln und Köpescheiben die Gleichungen:

$$M_{st_1} = (N + G_F + (S - s_{x_2}) + b s_{x_2} + V_1)\, r$$
$$M_{st_2} = -a\,(G_F + s_{x_2} + b(S - s_{x_2}) - V_2)\, r.$$

Das jeweilige resultierende Moment ist, wie im vierten Abschnitt gezeigt, die algebraische Summe der entsprechenden Werte der Einzelmomente. Es ist also

$$M_{st} = [N + G_F(1-a) + S(1-ab) - s_{x_2}(1+a-b-ab) + {} + V_1(1+a)]\, r$$

wobei $V_2 = V_1$ gesetzt ist.

Diese Gleichung kann man auch schreiben

$$M_{st} = [N + G_F(1-a) + S(1-ab) + V_1(1+a)]\, r$$
$$- s_{x_2}(1+a-b-ab)\, r = C \cdot r - (1+a-b-ab)\sigma r\, h_{x_2}. \quad (12)$$

Diese Gleichung stellt M_{st} als lineare Funktion von h_{x_2} dar, oder auch allgemein von h, wenn h der gleiche Weg beider Fördergefäße aus der Anfangsstellung ist. Das konstante Glied $C \cdot r$ bedeutet den Abschnitt auf der Ordinatenachse (also das Moment) bei $h = 0$, das zweite Glied enthält als Faktor von h die Neigung der Geraden gegen die Abszissenachse. Diese ist also $-(1+a-b-ab)\sigma r$. Die Gleichung (12) ist ein Ausdruck für den allgemeinsten Fall, aus welcher durch Einsetzung bestimmter Werte für die Koeffizienten a und b die Sonderfälle abgeleitet werden können.

Setzt man zunächst $a = 1$, betrachtet man also den Fall des doppeltrümigen Förderns, so geht Gleichung (12) über in

$$M_{st} = [N + S(1-b) + V - h(2-2b)\sigma]\, r, \quad (12\,\text{a})$$

wobei $V = V_1 + V_2 = 2V_1$ ist.

Setzt man nun weiter zunächst $b = 0$, so ergibt sich für

Doppeltrümige Förderung ohne Unterseil:

$$M_{st} = (N + S + V - 2\sigma h)\, r. \quad (13)$$

Dies gibt für $h = 0$, also am Anfang des Zuges:

$$M_{st_1} = (N + S + V)\, r \text{ und für } h = H, \quad (13\,\text{a})$$

also am Ende des Zuges

$$M_{st_4} = (N - S + V)\, r. \quad (13\,\text{b})$$

Setzt man weiter in Gleichung (12a) $b = 1$, so ergibt sich für

Doppeltrümige Förderung mit Unterseil von gleichem Gewicht pro Meter wie das Oberseil:

$$M_{st} = (N + V)\, r = \text{konst.}$$

Setzt man jetzt in Gleichung (12) $a = 0$, betrachtet also den Fall des eintrümigen Förderns, so ist auch $b = 0$ zu setzen, da es eintrümige Förderung mit Unterseil nicht gibt. Gleichung (12) geht dann über in

$$M_{st} = (N + G_F + S + V_I - \sigma h)\,r. \tag{14}$$

Dies gibt für $h = 0$, also am Anfang des Zuges:

$$M_{st_1} = (N + G_F + S + V_I)\,r \tag{14a}$$

und für $h = H$, also am Ende des Zuges

$$M_{st_4} = (N + G_F + V_I)\,r. \tag{14b}$$

2. Verlauf der Linie der dynamischen Momente.

Wie schon auf S. 20 bemerkt, berechnet man bei Anlagen mit zylindrischen Trommeln und Treibscheiben die dynamischen Momente meist nach der Gleichung

$$M_d = m \cdot p \cdot r.$$

Hierin ist r, und wie früher auseinandergesetzt, auch p als konstant zu betrachten. m sind die auf den Seillauf reduzierten Gesamtmassen der rotierenden und hin- und hergehenden Teile. Die reduzierten Massen der ersteren ergeben sich aus den auf die Förderwelle reduzierten Trägheitsmomenten oder Schwungmomenten durch Division mit r^2, bzw. $4r^2$ (vgl. Abschnitt 3). Da r konstant ist, sind also auch die Massen konstant und dasselbe gilt natürlich auch von den hin- und hergehenden Massen. $M_d = m \cdot p \cdot r$ ist also eine konstante Größe und die Linie der dynamischen Momente eine zur Lastmomentenlinie parallele Gerade (s. Figur 11).

Ist der Geschwindigkeitsverlauf während des Anfahrens parabolisch (vgl. S. 11), so ist p_a nicht konstant, sondern nimmt geradlinig ab. In diesem Falle verläuft also die Linie des Beschleunigungsmoments nicht parallel zu der Lastmomentenlinie, sondern sie hat eine stärkere Neigung und trifft am Ende der Anfahrperiode mit der Lastmomentenlinie zusammen (da hier $p_a = 0$ ist).

Das Momentendiagramm hat in diesem Falle etwa folgende Form, Fig. 19 (vollkommenen Seilausgleich vorausgesetzt).

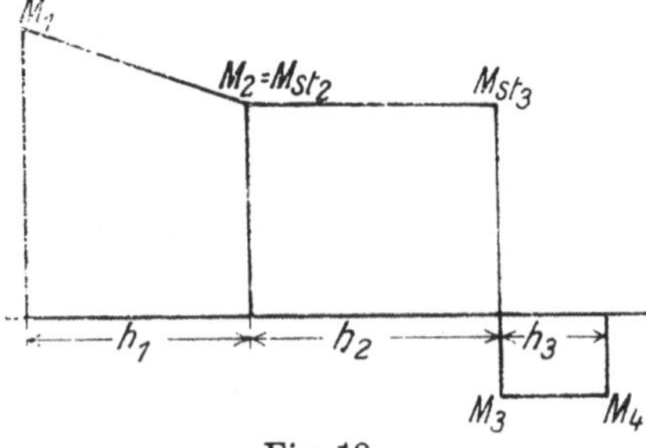

Fig. 19.

Sechster Abschnitt.

Momentendiagramme
bei Anlagen mit konischen Trommeln.

1. Verlauf der Lastmomentenkurve.

Konische Trommeln werden verwendet, um ohne Unterseil einen mehr oder weniger vollkommenen Seilausgleich, also konstante resultierende Lastmomente während des ganzen Zuges zu erhalten. Die Erfüllung der Forderung dauernd konstanten Momentes würde die Konstruktion von Trommeln mit gekrümmter Erzeugenden verlangen, wie sich mathematisch ableiten läßt. Aus Herstellungsgründen ersetzt man die gekrümmte Erzeugende durch eine gerade und erhält damit als Trommelform einen Kegelstumpf.

Wickelt sich auf dem Mantel der Trommel das Förderseil auf, so bilden die Windungen eine räumliche Spirale, die entsteht, wenn ein Punkt sich mit gleichförmiger Geschwindigkeit auf einem Strahl bewegt, der mit ebenfalls gleichförmiger Geschwindigkeit sich um einen Pol dreht, während dieser längs einer Achse gleichmäßig fortschreitet. Die Entfernung des Punktes von der Achse wächst proportional mit den Umläufen des Strahls, also nimmt der Radius der Seilwindungen ϱ proportional mit der Zahl der Umläufe ν der Trommel zu. Ist r der kleinste Radius, R der größte Radius der Trommel, so gilt, wenn ν_T die Zahl der Umläufe ist, in denen der Radius gleichmäßig von r bis R wächst,

$$\varDelta_\varrho \nu_T = R - r,$$

wobei $\varDelta_\varrho$ die Zunahme des Radius pro Umdrehung ist. Es ist also

$$\varDelta_\varrho = \frac{R - r}{\nu_T}. \tag{15}$$

Trägt man ϱ als Funktion von ν auf, so erhält man eine Gerade von der Gleichung

$$\varrho = r + \varDelta_\varrho \cdot \nu.$$

Diese Gerade ist AB in der beistehenden Figur. Verlängert man BA bis zum Schnittpunkt O_1 mit der ν-Achse, so stellt

$O_1 A$ dar, wie sich der Radius ändern würde, wenn der Kegelstumpf zu einem vollständigen Kegel er-
gänzt wäre, dessen
Spitze bei O_1 liegt.
Die Lage von
O_1 ist bestimmt
durch die Propor-
tion $\dfrac{v_c + v_T}{v_c} = \dfrac{R}{r}$.

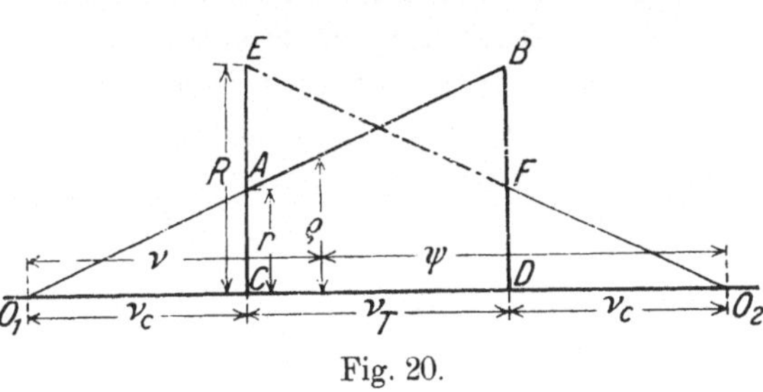

Fig. 20.

Hieraus folgt

$$v_c = \frac{v_T}{\dfrac{R}{r} - 1} . \qquad (16)$$

Verlegt man den Koordinatenanfangspunkt von C nach O_1, so geht die Gleichung der Geraden $\varrho = f(v) = r + \varDelta_\varrho \cdot v$ über in $\varrho = \varDelta_\varrho v$, wobei v jetzt von O_1 aus zu rechnen ist.

Die Länge des nach v Umläufen von O_1 an aufgewickelten Seils ist

$$h' = 2 \varDelta \frac{O + \varrho}{2} v = \pi \varrho \cdot v = \pi \varDelta_\varrho v^2 .$$

Nun ist die unter der Geraden $O_1 B$ liegende Fläche in jedem Augenblick $F = \dfrac{\varDelta_\varrho v^2}{2}$. F stellt daher, mit 2π multi-pliziert die Länge des auf der Trommel und dem Ergänzungs-kegel aufgewickelten Seils dar, d. h. $h' = 2\pi F$. Das auf der Trommel allein aufgewickelte Seil ist also

$$h = \pi \varDelta_\varrho v^2 - \pi \varDelta_\varrho v_c^2 = \pi \varDelta_\varrho (v^2 - v_c^2) .$$

Im Schacht hängt also nach v Umdrehungen der Trommel

$$H - h = H - \pi \varDelta_\varrho (v^2 - v_c^2) .$$

Dies erzeugt mit dem jeweiligen Radius $\varrho = \varDelta_\varrho v$ ein statisches Moment:

$$M_{st} = \sigma (H - h)\varrho = \sigma H \cdot \varDelta_\varrho v - \sigma \pi \varDelta_\varrho^2 (v^3 - v v_c^2)$$
$$= S \cdot \varDelta_\varrho v - \sigma \pi \varDelta_\varrho^2 (v^3 - v v_c^2)$$

oder, anders geschrieben:

$$M_{st} = (S + \sigma \pi \varDelta_\varrho v_c^2) \varDelta_\varrho v - \sigma \pi \varDelta_\varrho^2 v^3 .$$

Hierin stellt $(S + \sigma \pi \varDelta_\varrho v_c^2)$ das Gewicht des Seils von der Länge H plus dem des Seils auf dem Ergänzungskegel dar, während das zweite Glied das imaginäre Moment darstellt, das von dem Seil auf dem Ergänzungskegel und dem jeweils betrachteten Stück auf der Trommel gebildet werden würde.

Die anderen Lasten im Schacht wirken an demselben veränderlichen Hebelarm und sind konstant. Das jeweilige von ihnen erzeugte statische Moment ist

$$M_{st} = (N + G_F + V_1)\varDelta_\varrho \nu.$$

Das gesamte Lastmoment an der Nutzlasttrommel ist dann für ein beliebiges ν:

$$M_{st_I} = (N + G_F + V_1 + S + \sigma\pi\varDelta_\varrho \nu_c^2)\varDelta_\varrho \nu - \sigma\pi\varDelta_\varrho^2 \nu^3. \quad (17)$$

Das erste Glied der rechten Seite dieser Gleichung ist eine lineare Funktion von ν, stellt also die Ordinaten einer Geraden durch den Anfangspunkt O_1 dar mit der Neigung $(N + G_F + V_1 + S + \sigma\pi\varDelta_\varrho \nu_c^2)\varDelta_\varrho$ gegen die ν-Achse. Das zweite Glied ist eine Funktion dritten Grades von ν und wird dargestellt durch eine kubische Parabel. Die jeweiligen Werte für das resultierende Lastmoment an der Nutzlasttrommel ergeben sich also als die Differenzen der Ordinaten der beiden Kurven.

In der Figur 21 sind die drei Kurven eingezeichnet. $O_1 E$ ist die Gerade, $O_1 L K$ die kubische Parabel und $O_1 H J$ die Kurve des resultierenden Lastmoments am Nutzlasttrum.

Für die Trommel selbst kommt nur der Abszissenabschnitt von $\nu = \nu_c$ bis $\nu = \nu_c + \nu_T$ in Frage. Das Moment am Anfang des Zuges ($\nu = \nu_c$) ist also

$$\begin{aligned}
M_{st_1} &= (N + G_F + S + V_1 + \sigma\pi\varDelta_\varrho \nu_c^2)\varDelta_\varrho \nu_c - \sigma\pi\varDelta_\varrho^2 \nu_c^3 \\
&= (N + G_F + S + V_1)r. \qquad\qquad\qquad (17\,\mathrm{a})
\end{aligned}$$

Das Moment am Ende des Zuges ($\nu = \nu_c + \nu_T$) ist

$$\begin{aligned}
M_{st_4} &= (N + G_F + S + V_1 + \sigma\pi\varDelta_\varrho \nu_c^2)\varDelta_\varrho(\nu_c + \nu_T) \\
&\quad - \sigma\pi\varDelta_\varrho^2(\nu_c + \nu_T)^3 = (N + G_F + V_1)R. \qquad (17\,\mathrm{b})
\end{aligned}$$

Man sieht aus der Betrachtung der resultierenden Kurve $H J$, daß das maximale Moment nicht am Anfang des Zuges auftritt. Dies ist in der Praxis von Bedeutung, wenn bei eintrümiger Förderung aus verschiedenen Teufen gefördert werden muß. Dabei ist es nötig festzustellen, bei welcher Teufe das maximale Moment auftritt. Man findet den genauen Wert des dieser Teufe entsprechenden ν, indem man Gleichung (17) nach ν differenziert und den Differentialquotienten $= 0$ setzt:

$$\frac{d\,M_{st}}{d\nu} = (N + G_F + V_1 + S)\varDelta_\varrho - 3\,\sigma\pi\varDelta_\varrho^2\nu^2 + \sigma\pi\varDelta_\varrho^2\nu_c^2 = 0.$$

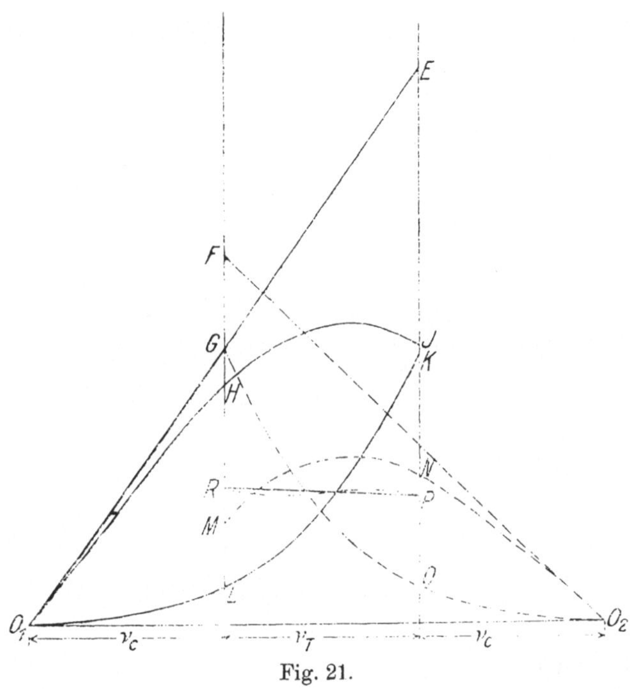

Fig. 21.

Daraus folgt für das ν, bei dem das maximale Moment auftritt:

$$\nu_m = \sqrt{\frac{N + G_F + V_1 + S}{3\,\sigma\pi\varDelta_\varrho} + \frac{\nu_c^2}{3}}\,.$$

Die diesem Wert von ν entsprechende Teufe ist

$$h_m = H - \pi\varDelta_\varrho(\nu_m^2 - \nu_c^2). \tag{19}$$

Für die Betrachtung der Verhältnisse bei

doppeltrümiger Förderung

ist zunächst das statische Moment für die zweite Trommel abzuleiten. Dies kann in ganz analoger Weise wie für die

erste Trommel geschehen, wenn man die Trommelradien wieder
über v aufträgt (EF in Figur 20), und die so erhaltene Gerade
wieder bis zu ihrem Schnittpunkt mit der v-Achse verlängert.
Auf diese Weise erhält man den Punkt O_2, der von O_1 den
Abstand ($v_T + 2v_c$) hat. Verlegt man jetzt den Koordinatenanfangspunkt nach O_2, so gilt ganz analog wie bei der ersten
Trommel

$$\varrho = - \varDelta_\varrho \psi.$$

Da man die jeweiligen Momente der zweiten Trommel mit
den gleichzeitig auftretenden Momenten der ersten Trommel
zu kombinieren hat, sind beide stets für dieselbe Abszisse aufzustellen. Dies wird erreicht, wenn man setzt:

$$\psi = - (2v_c + v_T - v).$$

Die Länge des auf Trommel und Ergänzungskegel aufgewickelten Seils ist in diesem Falle

$$h' = - 2\pi\varrho\frac{\psi}{2} = + \pi\varDelta_\varrho\psi^2.$$

Die Länge des Seils auf der Trommel allein ist

$$h = \pi\varDelta_\varrho(\psi^2 - v_c^2).$$

Nach v Umdrehungen der Trommel hängt also im Schacht

$$H - h = H - \pi\varDelta_\varrho(\psi^2 - v_c^2).$$

Dies Seil erzeugt mit dem jeweiligen Radius ϱ ein statisches Moment

$$
\begin{aligned}
M_{st} &= (H - h)\varrho \cdot \sigma = - \sigma H \varDelta_\varrho \psi + \sigma\pi\varDelta_\varrho^2(\psi^3 - \psi v_c^2) \\
&= (- \sigma H - \sigma\pi\varDelta_\varrho v_c^2)\varDelta_\varrho\psi + \sigma\pi\varDelta_\varrho^2\psi^3 \\
&= - (S + \sigma\pi\varDelta_\varrho v_c^2)\varDelta_\varrho\psi + \sigma\pi\varDelta_\varrho^2\psi^3.
\end{aligned}
$$

Das gesamte Lastmoment an dieser Trommel ist dann
nach v Umdrehungen:

$$M_{st_{II}} = - (G_F - V_2 + S + \sigma\pi\varDelta_\varrho v_c^2)\varDelta_\varrho\psi + \sigma\pi\varDelta_\varrho^2\psi^3. \tag{20}$$

Gleichung (20) ist von derselben Form wie Gleichung (17).
Die resultierende Kurve mit ihren Teilkurven ist auf Figur 21
dargestellt und zwar stellt O_2F das erste lineare, O_2QG das
zweite Glied und O_2NM die resultierende Kurve dar.

Wenn man die Lastmomente beider Trommeln zusammenzusetzen hat, ist $M_{st_{II}}$ mit entgegengesetztem Vorzeichen wie M_{st_I} einzuführen; es ist also zu setzen

$$M_{st_{II}} = + (G_F - V_2 + S + \sigma\pi\Delta_\varrho v_c^2)\Delta_\varrho\psi - \sigma\pi\Delta_\varrho^2\psi^3. \quad (21)$$

Für die Trommel selbst kommt auch hier wieder nur der Abszissenabschnitt von $\psi = -(v_T + v_c)$ bis $\psi = -v_c$ in Frage. Es wird also am Anfang des Zuges, also bei $\psi = -(v_T + v_c)$

$$M_{st_{II}} = -(G_F + S - V_2 + \sigma\pi\Delta_\varrho v_c^2)\Delta_\varrho(v_c + v_T)$$
$$+ \sigma\pi\Delta_\varrho^2(v_c + v_T)^3 = -(G_F - V_2)R. \quad (21\,a)$$

Am Ende des Zuges, also bei $\psi = -v_c$, wird

$$M_{st_{II}} = -(G_F - V_2 + S + \sigma\pi\Delta_\varrho v_c^2)\Delta_\varrho v_c + \sigma\pi\Delta_\varrho^2 v_c^3$$
$$= -(G_F + S - V_2)r. \quad (21\,b)$$

Das resultierende Moment bei doppeltrümiger Förderung ergibt sich wieder als algebraische Summe der Momente jeder Trommel, also durch Addition von Gleichung (17) und (21) zu

$$M_{st} = (N + G_F + V_1 + S + \sigma\pi\Delta_\varrho v_c^2)\Delta_\varrho v - \sigma\pi\Delta_\varrho^2 v^3$$
$$+ (G_F - V_2 + S + \sigma\pi\Delta_\varrho v_c^2)\Delta_\varrho\psi - \sigma\pi\Delta_\varrho^2\psi^3.$$

Ersetzt man in dieser Gleichung ψ durch $-(2v_c + v_T - v)$, so erhält man M_{st} als Funktion von v. Das geometrische Bild dieser Funktion ist eine doppelt gekrümmte flache Kurve mit einem Maximum bzw. Minimum bei

$$v = \frac{v_T + 2v_c}{2} \pm \sqrt{\frac{Q' + P'}{6\pi\sigma\Delta_\varrho} - \frac{(v_T + 2v_c)^2}{4}}.$$

Hierbei ist

$$Q' = (N + G_F + V_1 + S + \sigma\pi\Delta_\varrho v_c^2)$$

und

$$P' = (G_F - V_2 + S + \sigma\pi\Delta_\varrho v_c^2).$$

Da die Kurve nur sehr wenig von einer Geraden abweicht, kann man sie in der Praxis durch eine solche ersetzen, d. h. man erhält ein genügend genaues Bild des Verlaufs der Momente, wenn man die resultierenden Lastmomente am Anfang und Ende des Zuges berechnet und die so erhaltenen Punkte durch eine Gerade verbindet.

Die resultierenden Momente zu Anfang und Ende des Zuges

ergeben sich durch Addition von Gleichung (17a) und (21a), bzw. (17b) und (21b) zu

$$M_{st_1} = (N + G_F + S + V_1)r - (G_F - V_2)R. \qquad (22)$$

$$M_{st_4} = (N + G_F + V_1)R - (G_F + S - V_2)r. \qquad (23)$$

Sollen die konischen Trommeln für vollkommenen Seilausgleich gebaut werden, soll also das Lastmoment am Ende des Zuges gleich dem am Anfang des Zuges sein, so müssen die beiden Endradien R und r in einem Verhältnis stehen, das sich aus Gleichsetzung der beiden Gleichungen ergibt zu

$$R = r\left(1 + \frac{2S}{N + 2G_F}\right). \qquad (24)$$

2. Verlauf der Linien der dynamischen Momente.

Wie schon auf S. 20 ausgeführt, berechnet man bei Anlagen mit konischen Trommeln die dynamischen Momente nach der Gleichung:

$$M = J \cdot \varepsilon.$$

Hierin wird ε als konstant angenommen. J sind die auf die Trommelwelle reduzierten Trägheitsmomente aller bewegten Massen. Diese sind teils während des Zuges konstant, teils veränderlich, und es handelt sich also zunächst darum, ihre jeweilige Größe festzustellen, d. h. sie als Funktion der Trommelumläufe ν (der Abszissen des Momentendiagramms) darzustellen.

Die bewegten Massen sind folgende:

a) **Auf der Trommelwelle sitzende Teile.** Hierher gehören die Welle selbst, die Trommeln mit Kupplungen usw. und eventuell ein Vorgelegerad. Das Trägheitsmoment J_T dieser Teile ist während des ganzen Zuges konstant. Da bei konischen Trommeln das Reserveseil meist im Innern der Trommeln untergebracht ist, kann sein Trägheitsmoment ebenfalls zum Werte von J_T zugeschlagen werden.

b) **Antriebsmotor und Vorgelege.** Ist der Motor direkt mit der Förderwelle gekuppelt, so ist das Trägheitsmoment seines rotierenden Teils J_m schon auf die Förderwelle bezogen, kann also ohne weiteres zu den konstanten Trägheitsmomenten addiert werden.

Arbeitet der Motor auf die Förderwelle durch ein einfaches Vorgelege, so ist das Trägheitsmoment des Motors plus dem des Ritzels und einer eventuellen Kupplung nach Gleichung (8) auf die Förderwelle zu reduzieren:

$$J_m' = J_m \frac{n_1{}^2}{n_2{}^2},$$

wobei n_1 die Tourenzahl der Motorwelle, n_2 die Tourenzahl der Förderwelle ist.

Bei mehrfachem Vorgelege sind außerdem die Trägheitsmomente der auf den Zwischenwellen sitzenden Teile auf die Förderwelle zu reduzieren und zu dem reduzierten Trägheitsmomente des Motors zu addieren.

c) Seilscheiben. Das als gegeben zu betrachtende Trägheitsmoment einer Seilscheibe J_s ist nach Gleichung 8a auf die Förderwelle zu reduzieren. Ist r_s der Radius der Seilscheibe, so gilt bei eintrümiger Förderung

$$J_s' = \frac{J_s}{r_s{}^2}\, \varrho^2 = \frac{J_s}{r_s{}^2}\, \varLambda_0{}^2\, \nu^2. \tag{25}$$

J_s' ist also eine Funktion zweiten Grades von ν und zwar eine Parabel mit dem Scheitel 0_1 und einer zur ν-Achse senkrechten Achse. Am Anfang des Zuges ($\nu = \nu_c$) ist $J_s' = \frac{J_s}{r_s{}^2}\, r^2$ und am Ende des Zuges ($\nu = \nu_c + \nu_T$): $J_s' = \frac{J_s}{r_s{}^2}\, R^2$.

Bei doppeltrümiger Förderung ist das Trägheitsmoment der zweiten Seilscheibe $J_s' = \frac{J_s}{r_s{}^2}\, \varLambda_0{}^2\, \psi^2$ und das beider Seilscheiben zusammen (vorausgesetzt, daß beide Scheiben gleich sind)

$$J_s' = \frac{J_s}{r_s{}^2}\, \varLambda_0{}^2(\nu^2 + \psi^2). \tag{26}$$

Ersetzt man in dieser Gleichung ψ durch $\nu - \nu_T - 2\nu_c$, so ergibt sich J_s' als Funktion zweiten Grades von ν, und zwar als eine flache Parabel mit Scheitel bei $\nu_c + \frac{\nu_T}{2}$ und einer Achse senkrecht zur ν-Achse. Am Anfang des Zuges ($\nu = \nu_c$) wird $J_s' = \frac{J_s}{r_s{}^2}(R^2 + r^2)$ und am Ende des Zuges

$(v = v_c + v_T)\, J_s' = \dfrac{J_s}{r_s{}^2}\,(R^2 + r^2).$ Man kann deshalb mit
hinreichender Genauigkeit bei doppeltrümiger Förderung das
reduzierte Trägheitsmoment beider Seilscheiben konstant über
den ganzen Zug

$$= \frac{1\,J_s}{r_s{}^2}\,(R^2 + r^2) \tag{26 a}$$

setzen.

Man kann zweckmäßig bei der Berechnung der Gesamtträgheitsmomente die Seilstücke zwischen Seilscheiben und
Trommeln so berücksichtigen, daß man ihre Masse zu der
reduzierten Masse der Seilscheiben addiert, daß man also setzt

bei eintrümiger Förderung $J_s' = \left(\dfrac{J_s}{r_s{}^2} + \dfrac{S_e}{g}\right) \varDelta_\varrho{}^2 v^2,$

bei doppeltrümiger Förderung
$$J_s' = \text{konst.} = \left(\frac{1\,J_s}{r_s{}^2} + \frac{1\,S_e}{g}\right)(R^2 + r^2).$$

d) Seil auf den Trommeln. Wie auf S. 33 abgeleitet,
ist bei eintrümiger Förderung die Länge des nach v-Umläufen
auf der Trommel aufgewickelten Seils

$$h = \pi \varDelta_\varrho (v^2 - v_c{}^2).$$

Die Masse dieses Seils ist

$$m = \frac{h \cdot \sigma}{g} \quad \text{oder} \quad c\,\varDelta_\varrho (v^2 - v_c{}^2),$$

wenn man $\dfrac{\pi\,\sigma}{g} = c$ setzt.

Der allgemeine Ausdruck für das Trägheitsmoment ist

$$J = \int dm\,\varrho^2.$$

Um das Trägheitsmoment des Seils auf der Trommel auf
diesen Ausdruck zu bringen, sind dm und ϱ als Funktionen
ein und derselben Veränderlichen auszudrücken.

Aus $m = c\,\varDelta_\varrho (v^2 - v_c{}^2)$ folgt $\dfrac{dm}{dv} = 2\,c\,\varDelta_\varrho v$ oder $dm =$
$2\,c\,\varDelta_\varrho v\,dv$. Ferner ist $\varrho = \varDelta_\varrho v$. Also ist

$$J_h = \int 2c\Delta_\varrho^3 \nu^3 d\nu = 2c\Delta_\varrho^3 \frac{\nu^4}{4} + C,$$

wobei $C = 0$, da für $\nu = 0$ auch $J = 0$.

Dieser Ausdruck für J_h stellt das Trägheitsmoment des auf der Trommel und dem Ergänzungskegel aufgewickelten Seils dar. Das Trägheitsmoment des Seils auf der Trommel allein ergibt sich durch Subtraktion des Trägheitsmoments J_c des Seils auf dem Ergänzungskegel von diesem Ausdruck. Es ist also

$$J_{h_{T_1}} = J_h - J_c = \frac{c\Delta_\varrho^3}{2}(\nu^4 - \nu_c^4) = \frac{\pi\sigma\Delta_\varrho^3}{2g}(\nu^4 - \nu_c^4). \qquad (27)$$

$J_{h_{T_1}}$ ist also eine Funktion vierten Grades von ν und zwar eine Parabel vierten Grades, die die ν-Achse bei $\nu = \nu_c$ schneidet.

Am Anfang des Zuges ($\nu = \nu_c$) ist

$$J_{h_{T_1}} = 0; \qquad (27\,\text{a})$$

am Ende des Zuges ($\nu = \nu_c + \nu_T$) ist

$$J_{h_{T_1}} = \frac{c\Delta_\varrho^3}{2}[(\nu_c + \nu_T)^4 - \nu_c^4]$$

$$= c\Delta_\varrho[(\nu_c + \nu_T)^2 - \nu_c^2]\frac{\Delta_\varrho^2}{2}[(\nu_c + \nu_T)^2 + \nu_c^2]$$

$$= \frac{H\sigma}{g}\frac{R^2 + r^2}{2} = \frac{S}{g}\frac{R^2 + r^2}{2}. \qquad (27\,\text{b})$$

Für die Betrachtung der Verhältnisse bei doppeltrümiger Förderung ist zunächst das Trägheitsmoment des Seils auf der zweiten Trommel zu bestimmen. Dies ergibt sich analog wie das des Seils auf der ersten Trommel zu

$$J_{h_{T_2}} = \frac{\pi\sigma\Delta_\varrho^3}{2g}(\psi^4 - \nu_c^4). \qquad (28)$$

$J_{h_{T_2}}$ ändert sich also ebenfalls nach einer Parabel vierten Grades vom Werte

$$J_{h_{T_2}} = \frac{S}{g}\cdot\frac{R^2 + r^2}{2} \qquad (28\,\text{a})$$

am Anfang des Zuges bis

$$J_{h_{T_2}} = 0 \qquad (28\,\text{b})$$

am Ende des Zuges.

Beide Trägheitsmomente nach Gleichung (27) und (28) addiert geben

$$J_{h_T} = \frac{\pi \sigma \Delta_\varrho^3}{2g} (\nu^4 + \psi^4 - 2\nu_c^4).$$

Dies ist eine Parabel vierten Grades mit Achse senkrecht zur Achse und den beiden gleichen Werten bei ν_c und $(\nu_c + \nu_T)$ von $\dfrac{S}{g}\dfrac{R^2 + r^2}{2}$. Da das Trägheitsmoment des Seils auf der Trommel sehr klein ist gegenüber dem Trägheitsmoment der Trommel selbst, kann man in der Praxis bei doppeltrümiger Förderung das Trägheitsmoment des Seils auf beiden Trommeln als während des ganzen Zuges konstant annehmen, also setzen

$$J_{h_T} = J_{h_{T_1}} + J_{h_{T_2}} = \frac{S}{g}\frac{R^2 + r^2}{2}. \tag{29}$$

e) **Hin- und hergehende Massen. 1) Bei eintrümiger Förderung.** Einen Ausdruck für das Trägheitsmoment der hin- und hergehenden Massen, bestehend aus Nutzlast, Fördergefäß und dem im Schacht hängenden Seil erhält man am bequemsten, wenn man den durch Gleichung (17) gegebenen Ausdruck für das Lastmoment M_{st_I} mit $\dfrac{\varrho}{g} = \dfrac{\Delta_\varrho \nu}{g}$ multipliziert, wobei nur die Verluste V fortzulassen sind. Es ist also

$$J_I = \frac{(N + G_F + S + \sigma \pi \Delta_\varrho \nu_c^2)\Delta_\varrho^2 \nu^2 - \sigma \pi \Delta_\varrho^3 \nu^4}{g}. \tag{30}$$

Man kann hier die Masse des Seils im Fördergerüst dadurch berücksichtigen, daß man das Gewicht des in Frage kommenden Stückes zu S hinzuschlägt.

Das Trägheitsmoment ändert sich also von einem Anfangswerte (bei $\nu = \nu_c$) von

$$J_I = \frac{N + G_F + S}{g} \Delta_\varrho^2 \nu_c^2 = \frac{N + G_F + S}{g} r^2 \tag{30a}$$

bis zu einem Endwert $(\nu = \nu_c + \nu_T)$ von

$$J_I = \frac{N + G_F}{g} R^2. \tag{30b}$$

2) bei doppeltrümiger Förderung. Das Trägheitsmoment der hin- und hergehenden Massen der zweiten Trommel (Fördergefäß und Seil im Schacht) erhält man in analoger

Weise wie bei der ersten Trommel aus dem Ausdruck für das Lastmoment, wobei die Verluste V_2 fortfallen und der Radius $= - \Delta_\varrho \psi$ zu setzen ist. Für das Trägheitsmoment kommt dann der Wert des Lastmoments nach Gleichung (20) in Betracht. Es wird somit

$$J_{II} = \frac{(G_F + S + \sigma \pi \Delta_\varrho {v_c}^2)\, \Delta_\varrho{}^2\, \psi^2 - \sigma \pi \Delta_\varrho{}^3\, \psi^4}{g} . \qquad (31)$$

J_{II} ändert sich also von einem Anfangswert $(\psi = - (v_c + v_T))$ von

$$J_{II} = \frac{G_F + S}{g} R^2 + \frac{\sigma \pi \Delta_\varrho {v_c}^2}{g} R^2 - \frac{\sigma \pi \Delta_\varrho (v_T + v_c)^2}{g} R^2 = \frac{G_F}{g} R^2 \qquad (31\,\text{a})$$

bis zu einem Endwert bei $\psi = - v_c$ von

$$J_{II} = \frac{G_F + S}{g} r^2. \qquad (31\text{b})$$

Auf Figur 22 sind alle in diesem Abschnitt abgeleiteten Trägheitsmomente mit Ausnahme der konstanten dargestellt.

Sind anstatt der Trägheitsmomente die Schwungmomente der einzelnen Teile gegeben, so findet man daraus die Trägheitsmomente durch Division mit $4g$, wie schon im dritten Abschnitt (S. 17) gezeigt ist.

Das Gesamtträgheitsmoment der bewegten Massen der Anlage erhält man durch Addition aller

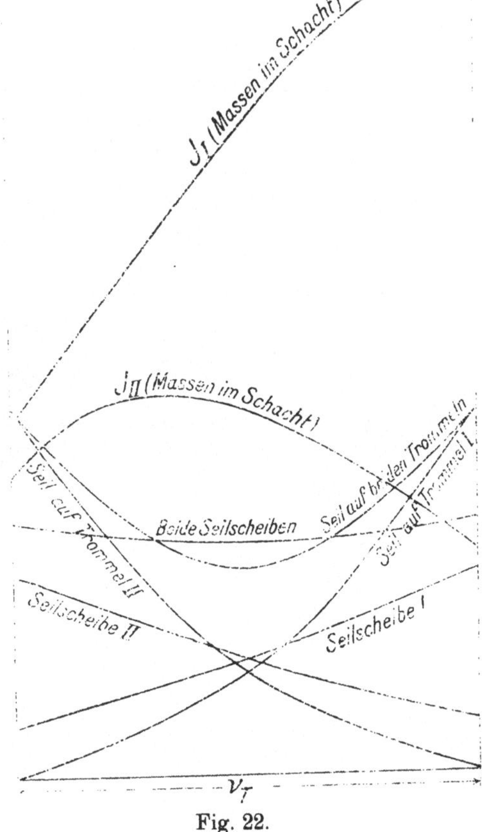

Fig. 22.

Gesamtträgheitsmomente.

Bei eintrümiger Förderung.

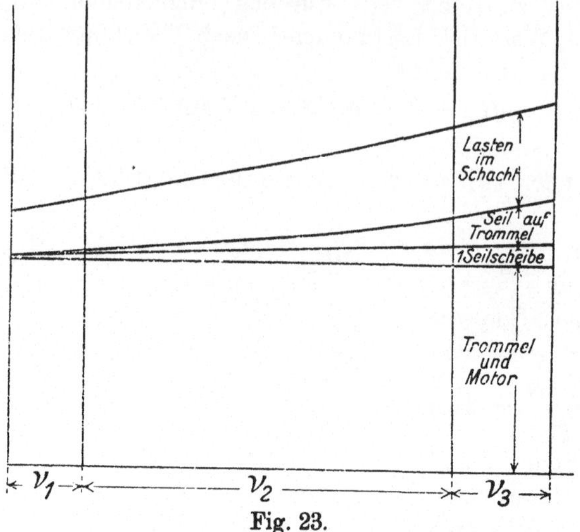

Fig. 23.

Bei doppeltrümiger Förderung.

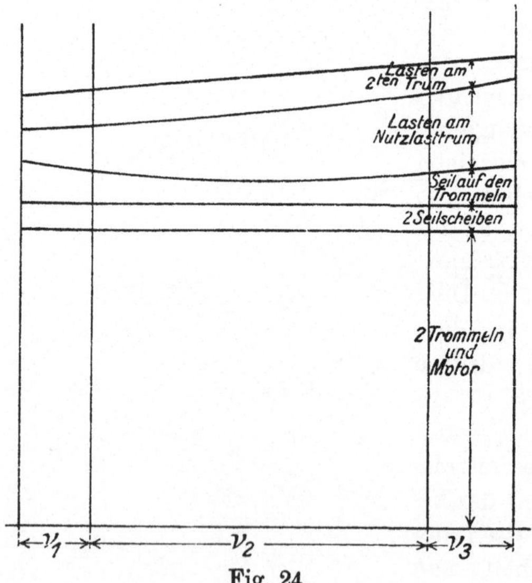

Fig. 24.

unter a) bis e) abgeleiteten Einzelträgheitsmomente. Dies Gesamtträgheitsmoment J ist dann mit dem konstanten Wert der Winkelbeschleunigung ε_a (bzw. Winkelverzögerung ε_b) zu multiplizieren, um die dynamischen Momente zu erhalten.

Auf Fig. 23 und 24 ist diese Addition graphisch ausgeführt. Fig. 25 zeigt ferner die vollständigen Momentendiagramme für ein- und doppeltrümige Förderung.

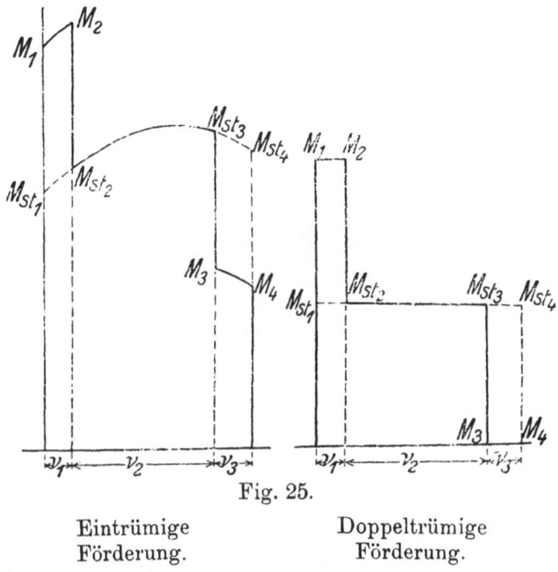

Fig. 25.

Eintrümige Förderung.   Doppeltrümige Förderung.

Bei der Projektierung von Förderanlagen, wo in den meisten Fällen die Trägheitsmomente der Hauptteile (Trommeln und Motor usw.) geschätzt werden müssen, hat es keinen praktischen Wert, den Verlauf der Einzelträgheitsmomente während des ganzen Zuges festzustellen. Es genügt vielmehr, nur den Wert der Trägheitsmomente zu Anfang und Ende des Zuges aufzustellen und ihre Summe als konstant während der Beschleunigungs- (bzw. Verzögerungsperiode) anzunehmen. Damit werden die Linien der dynamischen Momente parallel zu den Linien der Lastmomente.

Siebenter Abschnitt.

Momentendiagramme bei Anlagen mit Bobinen.

Bei der Bobine wickelt sich ein Flachseil, von einem festen Kern (der Nabe der Bobine) ausgehend, spiralförmig auf. Die

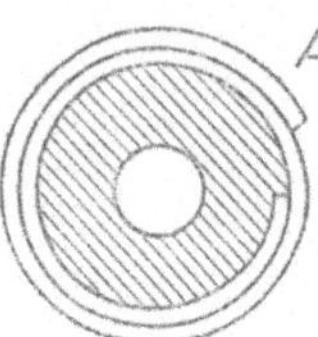

Lasten wirken also an einem mit den Umläufen der Bobine veränderlichen Hebelarm. Der Hebel wächst genau nach einer archimedischen Spirale, wenn auch der Umfang des Kerns nach einer archimedischen Spirale ausgebildet ist, und zwar nimmt er nach einer Umdrehung um die Dicke des Seils d zu. (Siehe Fig. 26 A).

Fig. 26.

Ist der Kern kreiszylindrisch gestaltet, so nimmt der Hebelarm auch nach jeder Umdrehung um d zu, aber der Übergang

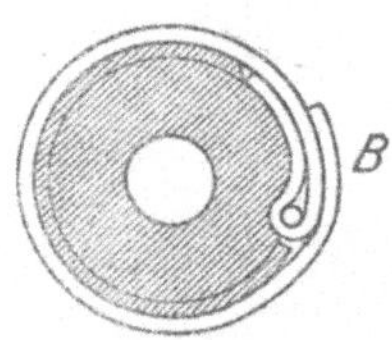

ist nicht stetig, sondern mehr oder weniger sprungweise. Man kann aber auch in diesem Falle näherungsweise damit rechnen, daß der Radius gleichmäßig zunimmt. (Siehe Fig. 26 B).

Die Hebelarme, und damit auch die Momente ändern sich also genau wie bei der konischen Trommel und man kann die

Fig. 26.

Berechnung der Momente vollkommen nach dem vorigen Abschnitt ausführen, wenn man $\varDelta_\varrho = d$ setzt.

Auch das Verhältnis der Endradien bei vollkommenem Seilausgleich bei doppeltrümiger Förderung bleibt dasselbe wie bei konischen Trommeln (Gleichung 24), nämlich

$$\frac{R}{r} = 1 + \frac{2S}{N + 2G_F}.$$

Während aber bei konischen Trommeln $\varDelta_\varrho$ in gewissen Grenzen beliebig gewählt werden kann, ist der Zuwachs der Radien bei Bobinen durch die Seildicke bestimmt. Der jeweilige Radius bei Bobinen ist also

$$\varrho = d \cdot \nu,$$

und der größte Radius $R = r + d \cdot \nu_T$.

Hieraus folgt, da $\nu_T = \dfrac{H}{\pi(R+r)}$,

$$R = r + \frac{Hd}{(R+r)\pi} = \sqrt{\frac{H \cdot d}{\pi} + r^2}. \qquad (32)$$

Man muß also die beiden Radien R und r aus Kombination der beiden Gleichungen (24) und (32) berechnen.

Hieraus ergibt sich

$$r = \sqrt{\frac{H \cdot d}{\pi\left[\left(1 + \dfrac{2S}{N + 2\,G_F}\right)^2 - 1\right]}} \qquad (33)$$

und

$$R = r + d \cdot \nu_T.$$

Der so errechnete Wert von r ist mit Rücksicht auf die zulässige Seilbiegung nicht immer ausführbar. In diesem Falle ist r mit Rücksicht auf die Seilbiegung zu bestimmen (vgl. Abschnitt 12) und dann R nach Gleichung (32) zu berechnen. In diesem Falle wird natürlich kein vollkommener Seilausgleich erreicht.

Achter Abschnitt.

Momentendiagramme bei Anlagen mit Köpescheiben.

Die Anwendungsmöglichkeit der Köpescheibe ist dadurch begrenzt, daß nur unter gewissen Bedingungen eine ausreichende Sicherheit gegen das Gleiten des Seiles auf der Scheibe erreicht werden kann.

Bezeichnet

$\mathfrak{S}$ die verlangte Sicherheit gegen Seilrutschen,

μ den Reibungskoeffizienten zwischen Seil und Scheibe ($= 0,16$ bis $0,25$, je nach dem Futter der Scheibe und Schmiermittel),

α den umspannten Bogen (meist $= \pi$, seltener $= 3\,\pi$. $5\,\pi$ usw. bei mehrfacher Umschlingung),

s_1 die Seilspannung am Nutzlasttrum in kg,

s_2 die Seilspannung am andern Trum in kg,

so ist im Gleichgewichtszustand

$$s_1 = s_2\, e^{\mu\alpha}$$

oder nach Subtraktion von s_2 auf beiden Seiten

$$s_1 - s_2 = s_2\,(e^{\mu\alpha} - 1).$$

Wenn also kein Seilrutsch auftreten soll, muß $s_1 - s_2$ kleiner oder gleich sein $s_2\,(e^{\mu\alpha} - 1)$ und die Sicherheit gegen Seilrutschen ist gegeben durch

$$\mathfrak{S} = \frac{s_2\,(e^{\mu\alpha} - 1)}{s_1 - s_2}.$$

Ist ferner

    g die Erdbeschleunigung ($= 9{,}81$ m/sek²),

    G_s das Schwunggewicht einer Seilscheibe, bezogen auf den Durchmesser der Treibscheibe ($= \dfrac{J_s}{r_s{}^2} \cdot g$, vgl. S. 18 und Gleichung 9a),

    S_e das Gewicht des Seils zwischen einer Seilscheibe und der Treibscheibe,

    $P = G_F + S_u$,

    $Q = N + G_F + S_o$, wobei

    S_u das Gewicht des Unterseils von der Länge H,

    S_o das Gewicht des Oberseils von der Länge H,

    R_1, R_2 der Schachtreibungs- und Seilbiegungswiderstand an einer Seilscheibe $= \dfrac{N}{2}\dfrac{1 - \eta_s}{\eta_s}$, wo η_s der Schachtwirkungsgrad ist (vgl. S. 21),

    $R = R_1 + R_2$,

so ist

1. Während der Ruhe (oder bei gleichförmiger Geschwindigkeit) zu Beginn des Zuges:

$$s_1 = N + G_F + S_0 + R_1,$$

$$s_2 = G_F + S_u - R_2,$$

$$\mathfrak{S} = \frac{(G_F + S_u - R_2)\,(e^{\mu\alpha} - 1)}{N - (S_u - S_0) + R},$$

oder wenn, wie meistens, $S_o = S_u = S$ ist,

$$\mathfrak{S} = \frac{(G_F + S - R_2)\,(e^{\mu\alpha} - 1)}{N + R}.$$

2. Während der Beschleunigungsperiode $(S_u = S_o = S$ vorausgesetzt)

$$s_1 = N + G_F + S + R_1 + \frac{N + G_F + S + G_s + S_e}{g} p_a$$

$$= (Q + R_1) + \frac{Q + G_s + S_e}{g} p_a.$$

$$s_2 = (P - R_2) - \frac{P + G_s + S_e}{g} p_a.$$

Hieraus ergibt sich für $\mathfrak{S} = 1$ als maximal zulässige Beschleunigung

$$p_a = \frac{e^{u\alpha}(P - R_2) - (Q + R_1)}{e^{u\alpha}(P + G_s + S_e) + Q + G_s + S_e} g. \qquad (34)$$

3. Während der Verzögerungsperiode (wieder $S_u = S_o = S$ vorausgesetzt)

$$s_1 = (Q + R_1) - \frac{Q + G_s + S_e}{g} p_b.$$

$$s_2 = (P - R_2) + \frac{P + G_s + S_e}{g} p_b.$$

Hieraus ergibt sich für $\mathfrak{S} = 1$ als maximal zulässige Verzögerung

$$p_b = \frac{e^{u\alpha}(Q + R_1) - (P - R_2)}{(P + G_s + S_e) + (Q + G_s + S_e) e^{u\alpha}} g. \qquad (35)$$

Beim Einhängen von Lasten sind p_a und p_b in den Gleichungen für s_1 und s_2 (unter 2. und 3.) mit entgegengesetzten Vorzeichen einzuführen. Daraus ergibt sich

$$p_a = \frac{e^{u\alpha}(Q - R_1) - (P + R_2)}{e^{u\alpha}(Q + G_s + S_e) + P + G_s + S_e} g.$$

$$p_b = \frac{e^{u\alpha}(P + R_2) - (Q - R_1)}{e^{u\alpha}(P + G_s + S_e) + Q + G_s + S_e} g.$$

In der Praxis muß man sich unter den oben errechneten Werten von p_a und p_b halten, damit ein ausreichender Sicherheitsgrad $(\mathfrak{S} > 1)$ gewährleistet ist. Man kann sich dann für das endgültig gewählte p_a oder p_b den erzielten Sicherheitsgrad nach der Formel

$$\mathfrak{S} = \frac{s_2 (e^{u\alpha} - 1)}{s_1 - s_2}$$

ausrechnen.

Nachdem die Werte für p_a und p_b auf die oben beschriebene Weise festgelegt sind, können die Momentendiagramme genau wie bei zylindrischen Trommeln mit Unterseil aufgestellt werden. Vgl. Abschnitt V.

Im Folgenden sollen noch einige Bedingungen für die Verwendung der Köpescheibe abgeleitet werden.

Setzt man

das Verhältnis des Gewichts des Fördergefäßes zu dem der Nutzlast $= c$ (also $G_F = c \cdot N$),

$R_1 = R_2 = 0{,}06\,N$, also

$R = R_1 + R_2 = 0{,}12\,N$,

$e^{\mu a} = 1{,}87$ (für $\alpha = \pi$, $\mu = 0{,}2$),

das Gewicht des Seils von der Länge H nach Abschnitt XI

$$S = \frac{N(c+1)H}{0{,}12\,k_z' - H}, \text{ wobei } k_z' \text{ die Bruchfestigkeit des}$$

Seils in kg/qcm und $p_a = 1$ gesetzt ist,

so geht Gleichung

$$\mathfrak{S} = \frac{(G_F + S - R_2)(e^{\mu a} - 1)}{N + R}$$

über in

$$\mathfrak{S} = \frac{0{,}12\,k_z'c + 1{,}06\,H - 0{,}007\,k_z'}{0{,}166\,k_z' - 1{,}29\,H}.$$

Aus dieser Beziehung geht hervor, daß die Sicherheit um so größer wird, je größer c, also das Verhältnis des Gewichts des Fördergefäßes zu dem der Nutzlast, je größer die Teufe H und je schwerer das Seil (d. h. je kleiner k_z') ist.

Bei ausgeführten Anlagen schwankt das Verhältnis $\dfrac{G_F}{N} = c$, bei Förderung mit Korb und Wagen zwischen 1,6 und 2,6. Der Wert von c wird hier um so größer, je kleiner das Nutzgewicht pro Wagen ist.

Bei Förderung mit Skips ist c etwa $= 0{,}66$ (Durchschnittswert bei südafrikanischen Goldminen).

Durch Einsetzen verschiedener Werte von c in obige Formel kann man die Grenzen feststellen, die für die Verwendung der beiden Förderarten bei Anlagen mit Köpescheiben bestehen. Im Folgenden ist auf diese Weise eine Tabelle • zusammengestellt, die die Größe des statischen Sicherheitskoeffizienten unter verschiedenen Verhältnissen gibt.

k_z'	H	$c =$			
		0,66	1,6	2	2,6
12 000	300	< 1	1,57	1,94	2,49
12 000	700	1,21	2,36	2,85	3,58
12 000	1200	2,62	4,57	5,41	6,64
18 000	300	< 1	1,43	1,78	2,30
18 000	700	< 1	1,84	2,26	2,87
18 000	1200	1,38	2,64	3,18	3,97

Die Tabelle zeigt, daß rein statisch eine Förderung mit normalem Skip ($c = 0{,}66$) selbst mit schwerem Seil erst von 700 m ab möglich ist. Wenn man auch den dynamischen Sicherheitsgrad, der bei üblichen Beschleunigungen etwa halb so groß wie der statische ist, berücksichtigt, so wird sich meist herausstellen, daß Skipförderung mit $c = 0{,}66$ erst von etwa 1000 m ab ausführbar ist.

Um einen Anhaltspunkt zu geben, wie groß das Gewicht des Fördergefäßes unter bestimmten Verhältnissen mindestens sein muß, ist im Folgenden noch eine Formel abgeleitet, die sich aus Gleichung (34) durch Einsetzung von S $\dfrac{(G_F + N)H}{0{,}12 k_z' - H}$ $e^{\mu\alpha} = 1{,}87$ und $R_1 = R_2 = 0{,}06 N$ ergibt.

Es ist nämlich (mit Vernachlässigung von S_r)

für $p_a = 1$ m/sek^2

$$G_F = \left(2{,}21 - \frac{26{,}8\,H}{k_z'}\right) N + \left(0{,}5 - \frac{4{,}25\,H}{k_z'}\right) G_s$$

und für $p_a = 0{,}5$ m/sek^2

$$G_F = \left(1{,}69 - \frac{22{,}3\,H}{k_z'}\right) N - \left(0{,}2 - \frac{1{,}67\,H}{k_z'}\right) G_s.$$

Aus diesen Gleichungen kann man für eine gegebene Nutzlast N und Teufe H nach Wahl eines angemessenen Wertes für k_z' ohne weiteres das erforderliche Gewicht des Fördergefäßes ausrechnen. Hierbei ist noch zu berücksichtigen, daß die obigen beiden Formeln für den Sicherheitskoeffizienten 1 gelten, der errechnete Wert also der kleinste mögliche ist.

Diese Untersuchungen sind da von besonderem Interesse, wo, wie bei Erzförderung, eine Entscheidung zwischen Korb- und Skipförderung getroffen werden soll.

Neunter Abschnitt.

Momentendiagramme für besondere Betriebsverhältnisse.

In diesem Abschnitt sollen folgende Verhältnisse, die bei normalem Betrieb auftreten, betrachtet werden:

1. Umsetzen bei mehretagigen Förderkörben.
2. Einheben und Anheben des Förderkorbs.
3. Aufliegen des Skips auf der Kippvorrichtung zu Anfang des Zuges.

Ferner sind noch einige Sonderfälle zu berücksichtigen, weil das bei ihnen auftretende Moment größer sein kann, als das maximale Moment bei normaler Förderung. In diesen Fällen können diese Momente die Wahl des Motors bestimmen. Hierzu gehören:

4. Eintrümige Förderung infolge von Betriebsstörungen bei Anlagen, die für zweitrümige Förderung gebaut sind.
5. Verstecken der Trommeln.

Diese fünf Fälle sollen im Folgenden näher betrachtet werden.

1. Umsetzen.

Dieser Vorgang tritt nach einem Förderzuge während der Betriebspause auf, und zwar dann, wenn bei Verwendung von mehretagigen Förderkörben nur eine Abzugsbühne für die Wagen vorhanden ist. Der Antriebsmotor hat also auch während der Pause ein- oder mehrmals Momente zu liefern, die angenähert gleich dem Lastmoment M_{st_4} am Ende des Zuges sind. Das Umsetzmoment muß indessen ein wenig größer sein als M_{st}, damit die Massen in Bewegung kommen.

2. Ein- und Anheben des Förderkorbes.

Bei Vorhandensein gewisser Arten von Aufsatzvorrichtungen ist ein besonderes Ein- und Anheben nötig. Unter Einheben des Förderkorbs versteht man das Heben des oben befindlichen Korbes auf die Aufsatzvorrichtung nach Beendigung des Zuges, während der untere Korb schon auf seiner Aufsatzvorrichtung ruht, unter Anheben das Heben des Korbes zu

Beginn des Zuges, um die Aufsatzvorrichtung entfernen zu können. In beiden Fällen wirkt nur das Seilgewicht ausgleichend, das Moment ist also

bei zylindrischen Trommeln ohne Unterseil

$$M \gtreqless \frac{(N + G_F - S)\,r}{\eta_s}, \qquad (36)$$

wo η_s den Schachtwirkungsgrad bezeichnet,

bei zylindrischen Trommeln mit Unterseil und bei Koepescheiben

$$M \gtreqless \frac{(N + G_F)\,r}{\eta_s}, \qquad (36\,\mathrm{a})$$

bei konischen Trommeln und Bobinen

$$M \gtreqless \frac{(N + G_F)\,R - S\,r}{\eta_s}. \qquad (36\,\mathrm{b})$$

In diesen Fällen ist zu prüfen, ob das maximale Motormoment hierfür ausreicht, was im allgemeinen der Fall sein wird.

3. Aufliegen des Skips.

Bei Skipförderung mit automatischer Entladung ruht das Skip zu Beginn des Zuges teilweise auf der Kippvorrichtung im Fördergerüst, das Gewicht des Skips wirkt deshalb beim Anfahren nur zum Teil ausgleichend. Im ersten Augenblick des Anfahrens wird also das Lastmoment etwas größer als ohne Berücksichtigung dieses Umstandes der Fall wäre und es wird bei Fahrtbeginn infolgedessen entweder ein etwas kleineres Beschleunigungsmoment zur Verfügung stehen, oder das Gesamtmoment muß etwas größer werden. Da die in Frage kommende Zeit sehr kurz ist, braucht man in der Praxis diesen Umstand kaum zu berücksichtigen.

4. Eintrümige Förderung in Ausnahmefällen.

Bei jeder Anlage für doppeltrümige Förderung sollte der Antriebsmotor so bemessen sein, daß bei Betriebsstörungen die Nutzlast oder wenigstens ein Teil derselben aus jeder Teufe zu Tage gefördert werden kann. Die ungünstigste Teufe, bei der das größtmögliche Lastmoment auftritt, ist bei zylindrischen Trommeln die größte Teufe H, bei konischen Trommeln ist die Bestimmung dieser ungünstigsten Teufe nach Abschnitt VI mit Hilfe der Gleichungen (18) und (19) auszuführen. Hierfür sind also unter Umständen besondere Momentendiagramme aufzustellen.

5. Verstecken.

Soll bei Trommelanlagen außer aus der größten Teufe H auch von verschiedenen andern Sohlen gefördert werden, so ist die Seillänge dadurch für die neue Sohle einzustellen, daß man die eine Trommel abkuppelt und mit der andern Trommel das Fördergefäß bis zu der betreffenden Sohle hinaufzieht. Diesen Vorgang nennt man Verstecken der Trommeln. Beim Verstecken ist also ein Teil des Zuges ohne Ausgleich der Lasten an der zweiten Trommel auszuführen, es treten daher dieselben Verhältnisse auf, wie bei eintrümiger Förderung (vgl. 4) mit dem Unterschiede, daß hier keine Nutzlast vorhanden ist. Auch hier ist zu prüfen, ob das Motormoment für diese Arbeit ausreicht.

Zehnter Abschnitt.

Leistungsdiagramme.

Unter Leistungsdiagramm versteht man die graphische Darstellung des Verlaufs der während eines Förderzuges vom Fördermotor abzugebenden mechanischen Leistung. Diese Leistung ist

$$L = \frac{M \cdot \omega}{75}\, \text{PS}, \tag{37}$$

wobei ω und M auf dieselbe Welle zu beziehen sind.

Als Abszissen des Leistungsdiagramms nimmt man gewöhnlich die Fahrzeit t, da dann die Fläche des Diagramms die vom Motor geleistete Arbeit (abgegebene Energie) darstellt.

Um das Leistungsdiagramm aufstellen zu können, ist es deshalb zunächst erforderlich, ein Momentendiagramm über der Zeit zu zeichnen.

A. Aufstellung des $M - t$-Diagramms.

Bisher ist nachgewiesen worden, daß der Verlauf der Momente als Funktion der Umläufe der Förderwelle ν oder des

Weges der Lasten h in allen Fällen linear ist oder bei konischen Trommeln und doppeltrümiger Förderung ohne nennenswerten Fehler in der Praxis als linear angenommen werden kann. Eine Ausnahme bildet nur der Fall der eintrümigen Förderung mit konischen Trommeln, der aber in der Praxis nur in Ausnahmefällen vorkommt und den wir hier vernachlässigen können.

Es sind also folgende Fälle zu unterscheiden:

1. **Das statische Moment ist über v oder h konstant.**

Dies ist der Fall bei doppeltrümiger Förderung mit Treibscheiben oder mit zylindrischen Trommeln mit Unterseil oder mit konischen Trommeln und Bobinen, wenn dieselben für vollkommenen Seilausgleich gebaut sind.

Ist das Moment über v oder h konstant, so ist es auch über t konstant und die Lastmomentenlinie und, wenn p_a und p_b konstant, auch die Linie der dynamischen Momente verläuft parallel zur t-Achse. Das $M - t$-Diagramm hat also dieselbe Form wie das $M - h$-Diagramm (vgl. S. 30).

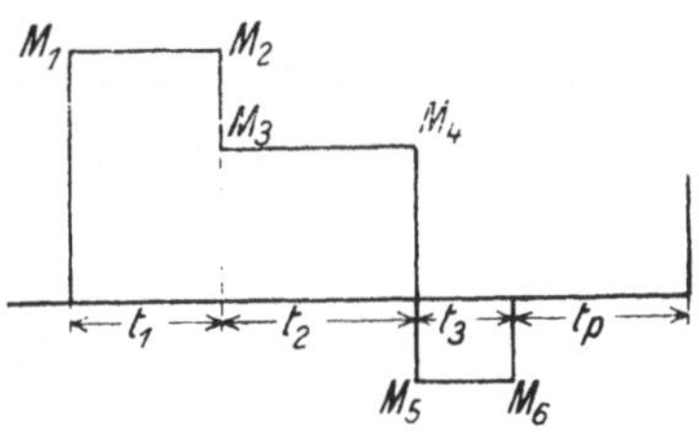
Fig. 27.

Ändert sich v oder ω während des Anfahrens nicht gradlinig, sondern parabolisch, so ist nach S. 12

$$p_a = \frac{2 v_0}{t_1} - \frac{2 v_0}{t_1{}^2} t = p_{a_{max}} - ct$$

und entsprechend

$$\varepsilon_a = \varepsilon_{a_{max}} - c't$$

und

$$M_{d_a} = m \cdot r \cdot p_{a_{max}} - m \cdot r \cdot ct$$

oder

$$= J \varepsilon_{a_{max}} - J \cdot c't.$$

In diesem Falle erhält also das $M - t$-Diagramm die folgende Form:

2. Das statische Moment ist eine **lineare Funktion** von v oder h.

Dies ist der Fall bei ein- und doppeltrümiger Förderung mit zylindrischen Trommeln ohne Unterseil und bei doppeltrümiger Förderung mit konischen Trommeln und Bobinen, wenn diese nicht für vollkommenen Seilausgleich gebaut sind. Wir wollen uns hier aber auf den ersteren Fall beschränken, weil konische Trommeln und Bobinen doch eben meist für (wenigstens annähernd) vollkommenen Seilausgleich gebaut sind.

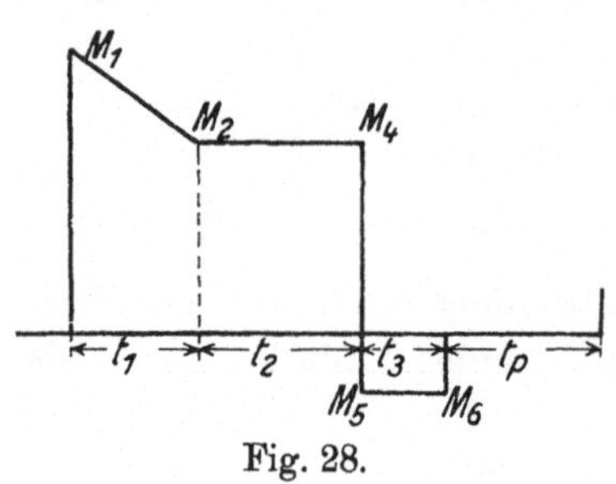

Fig. 28.

Wir setzen also den Halbmesser r konstant.

Für die statischen Momente gilt in diesem Falle

$$M_{st} = (N + S + V)r - 2\sigma r h \quad \text{(Gleichung 13)}$$

bei doppeltrümiger Förderung und

$$M_{st} = (N + G_F + S + V_1)r - \sigma \cdot r \cdot h \quad \text{(Gleichung 14)}$$

bei eintrümiger Förderung.

Allgemein kann man also setzen

$$M_{st} = M_{st_1} - a \cdot h.$$

Zur Aufstellung des $M - t$-Diagramms muß nun h durch t ersetzt, d. h. als Funktion von t ausgedrückt werden. Hierfür betrachtet man zweckmäßig die einzelnen Abschnitte des Diagramms getrennt.

a) **Anfahrperiode.** 1. $p_a = $ konstant. Hier ist

$$h = \frac{v \cdot t}{2} = \frac{p_a}{2} t^2;$$

also wird

$$M_{st} = M_{st_1} - \frac{a \cdot p_a}{2} t^2.$$

Das statische Moment verläuft also nach einer Parabel.

Das Beschleunigungsmoment $M_{d_a} = m \cdot p_a \cdot r$ ist konstant, die Linie des Gesamtmoments verläuft also parallel zur Lastmomentlinie.

$$2. \quad p_a = \frac{2v_0}{t_1} - \frac{2v_0}{t_1^2} t \quad \text{(vgl. S. 12)}.$$

Hier ist nach S. 12

$$h = v_0 \left(\frac{t^2}{t_1} - \frac{t^3}{3t_1^2} \right).$$

Also wird

$$M_{st} = M_{st_1} - a v_0 \left(\frac{t^2}{t_1} - \frac{t^3}{3t_1^2} \right).$$

Das Lastmoment verläuft also nach einer Kurve dritten Grades.

Das Beschleunigungsmoment ist

$$M_{d_a} = m \cdot r \cdot \left(\frac{2v_0}{t_1} - \frac{2v_0}{t_1^2} t \right),$$

verläuft also gradlinig und das Gesamtmoment $M = M_{st} + M_{d_a}$ verläuft nach einer Kurve, die die Lastmomentkurve bei der Abszisse $t = t_1$ schneidet.

b) **Periode der vollen Fahrt.** Hier ist $h = v_0 \cdot t$, also wird

$$M_{st} = M_{st_2} - a \cdot v_0 \cdot t.$$

Das statische Moment verläuft also auch über t linear.

c) **Verzögerungsperiode.** Hier ist $p_b = $ konstant und $v = p_b t$, also wird

$$h = \frac{v_0 + v}{2} t = \frac{2v_0 - p_b t}{2} t = v_0 t - \frac{p_b}{2} t^2$$

und

$$M_{st} = M_{st_3} - a \left(v_0 t - \frac{p_b}{2} t^2 \right).$$

Das Lastmoment verläuft also nach einer aufwärts gekrümmten Kurve zweiten Grades.

Das Verzögerungsmoment $M_{d_b} = m \cdot p_b \cdot r$ ist konstant, also verläuft das Gesamtmoment parallel zum Lastmoment.

Die sich nach Obigem ergebenden $M - t$-Diagramme sind am Schluß des folgenden Abschnitts B abgebildet.

B. Ableitung des Leistungsdiagramms aus dem $M - t$-Diagramm.

Man erhält das Leistungsdiagramm aus dem $M - t$-Diagramm, indem man alle Ordinaten des letzteren mit den zugehörigen Werten von $\dfrac{\omega}{75}$ multipliziert. Diese Multiplikation wird am besten graphisch ausgeführt, indem man $M - t$- und $\omega - t$-Diagramm übereinander aufzeichnet und dann die zur selben Abszisse gehörigen Ordinaten beider Diagramme miteinander multipliziert.

Auf diese Weise erhält man die unten dargestellten Diagramme.

Im Falle vollkommenen Seilausgleichs mit konstanter Anfahrbeschleunigung ist die Aufzeichnung beider Diagramme unnötig, da man die Leistungswerte direkt durch Rechnung aus dem $M - t$-Diagramm erhalten kann. Es ist nämlich

$$L = \frac{\omega_0}{75\,t_1}\, t \cdot M \quad \text{während der Anfahrperiode,}$$

$$L = \frac{\omega_0}{75}\, M \quad \text{während der vollen Fahrt,}$$

$$L = \frac{\omega_0}{75}\left(1 - \frac{t}{t_3}\right) M \quad \text{während der Verzögerung,}$$

und das Leistungsdiagramm hat folgende Form:

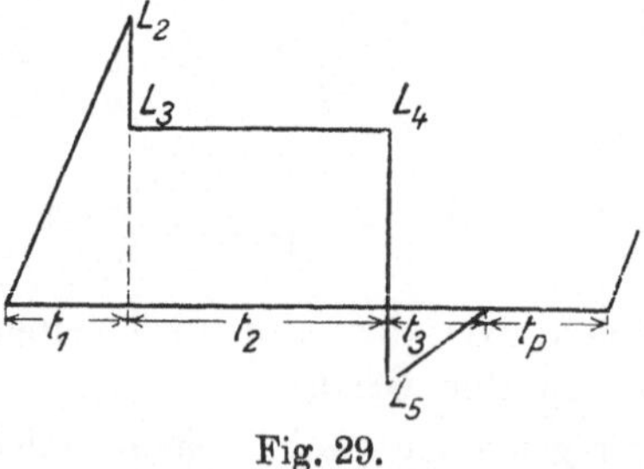

Fig. 29.

Die übrigen nach obigem Verfahren abgeleiteten Leistungsdiagramme sind folgende:

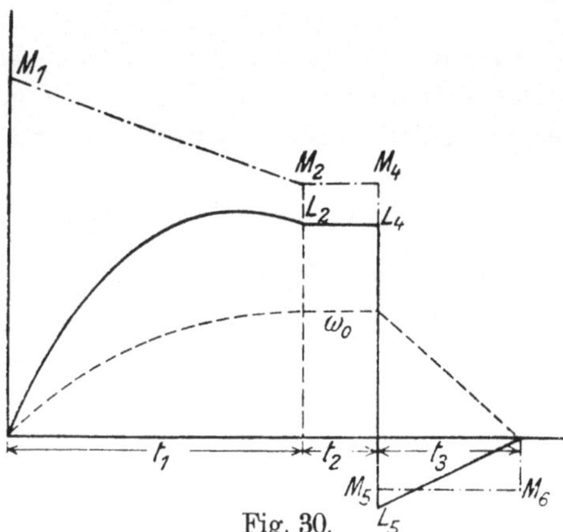

bei
vollkommenem
Seilausgleich.
aber
veränderlicher
Beschleunigung:

Fig. 30.

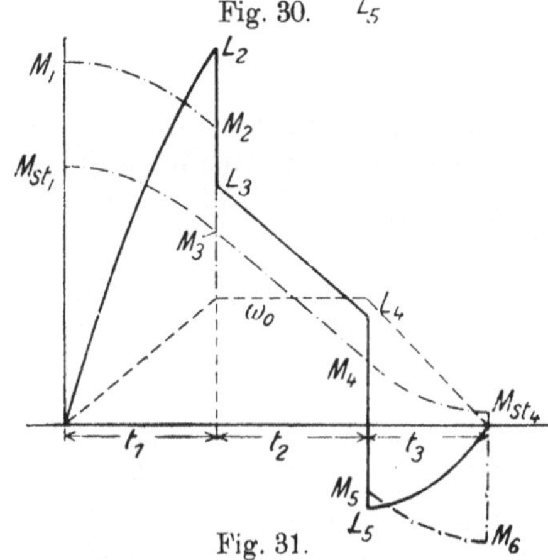

Ohne
Seilausgleich
bei konstanter
Beschleunigung:

Fig. 31.

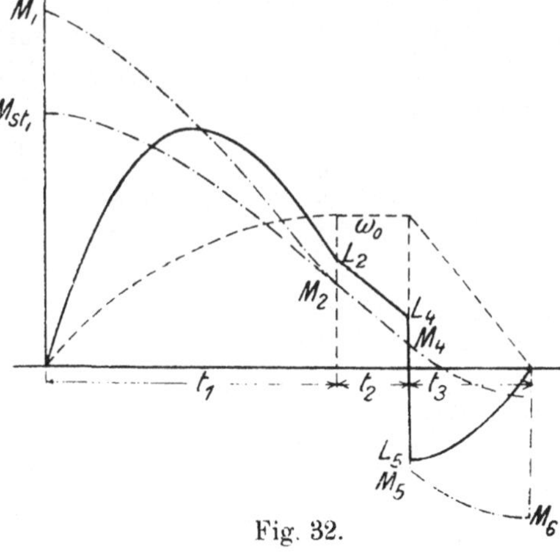

Ohne
Seilausgleich
bei
veränderlicher
Beschleunigung:

Fig. 32.

Aus dem Vergleich der beiden letzten Figuren, die für gleiche Verhältnisse entworfen sind, ergibt sich die erhebliche Verringerung der Spitzenleistung bei parabolischem Verlauf von ω.

Bestimmung der Motorleistung.

Sowohl beim fremderregten Gleichstrommotor, wie auch beim asynchronen Drehstrommotor ist die Stromstärke der Belastung, d. h. auch dem Drehmoment, proportional. Das Momentendiagramm kann also in geändertem Maßstabe direkt als Stromdiagramm betrachtet werden.

Trägt man dieses Stromdiagramm über der Zeit als Abszissen auf und quadriert sämtliche Ordinaten i, so stellt die Fläche des resultierenden Diagramms ein Maß für die vom Strom erzeugte Wärmemenge dar (Joulesches Gesetz). Dividiert man diese Fläche durch die Gesamtzeit T und zieht aus dem Quotienten die Quadratwurzel, so ergibt sich ein Wert für diejenige Stromstärke J, die, über der Zeit T konstant, die gleiche Wärmemenge erzeugen würde, wie der tatsächliche schwankende Strom. Man nennt diesen Wert den quadratischen Mittelwert des Stromes. Es ist also

$$J = \sqrt{\dfrac{\int_0^T i^2\,dt}{T}}\,. \tag{38}$$

Dieser Strom ist maßgebend für die Größe des Antriebmotors und man versteht deshalb unter Effektivleistung eines Motors das Produkt aus dem quadratischen Mittelwert des Stromes und der maximalen zugeführten Spannung.

Es ist also

$$L_{eff} = e \cdot J = e\sqrt{\dfrac{\int_0^T i^2\,dt}{T}} = \sqrt{\dfrac{\int_0^T e^2 i^2\,dt}{T}} = \sqrt{\dfrac{\int_0^T L^2\,dt}{T}}\,.$$

Da nun $L = \dfrac{\omega}{75} \cdot M$ ist, kann man auch setzen

$$L_{eff} = \dfrac{\omega}{75} \cdot \sqrt{\dfrac{\int_0^T M^2\,dt}{T}} = \dfrac{\omega}{75}\,M_{eff}\,. \tag{39}$$

Um die Effektivleistung des Motors zu bestimmen, hat man also zunächst das Effektivmoment M_{eff} aus dem $M-t$-Diagramm zu berechnen.

Da die Funktion $M = f(t)$ zum großen Teil aus mehreren Gliedern besteht, würde die Integrierung der Funktion $M^2 = f'(t)$ für praktische Zwecke zu kompliziert werden. Man kann diese Integrierung dadurch umgehen, daß man die Fläche des $M^2 - t$-Diagramms annäherungsweise integriert, indem man sie in eine mehr oder weniger große Anzahl von Teilflächen zerlegt, die als Trapeze aufgefaßt werden können.

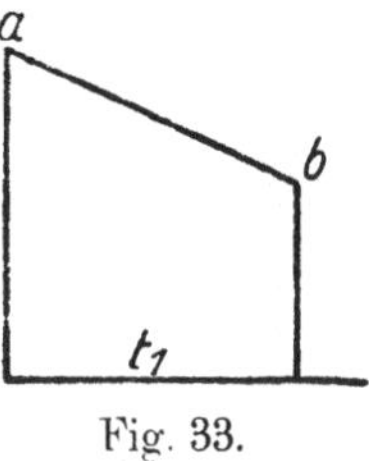

Fig. 33.

Die Gleichung der oberen Begrenzungslinie eines Trapezes von der nebenstehenden Form lautet

$$y = a - \frac{a-b}{t_1} t .$$

Quadriert man alle Ordinaten des Trapezes, so ist der Inhalt der resultierenden Fläche gegeben durch

$$\int_0^{t_1} y^2 dt = \frac{a^2 + ab + b^2}{3} t_1 . \tag{40}$$

Ist beispielsweise das Gesamtmoment während der Anfahrperiode durch nebenstehende Kurve dargestellt, so könnte man die Anfahrzeit in vier Teile zerlegen. Dann würde sich als Inhalt der quadrierten Fläche nach Obigem ergeben:

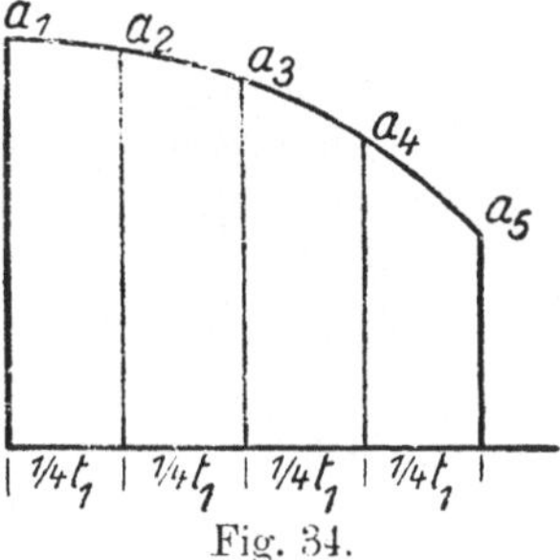

Fig. 34.

$$\int_0^{t_1} M^2 dt = \frac{a_1^2 + a_1 a_2 + a_2^2}{3} \cdot \frac{t_1}{4} + \frac{a_2^2 + a_2 a_3 + a_3^2}{3} \cdot \frac{t_1}{4} \cdots \text{usw.}$$

oder

$$= (a_1^2 + 2a_2^2 + 2a_3^2 + 2a_4^2 + a_5^2 + a_1 a_2 + a_2 a_3 + a_3 a_4 + a_4 a_5) \frac{t_1}{12} .$$

Verfährt man in ähnlicher Weise bei den andern Perioden, wobei sich die Verhältnisse während voller Fahrt wegen des gradlinigen Verlaufs des Moments entsprechend einfacher gestalten, so erhält man durch Addition der drei Einzelsummen den Wert

$$\int_0^T M^2\, dt.$$

Kommt Umsetzen oder Überheben in Frage, so kann man dies dadurch berücksichtigen, daß man zu diesem Werte noch $M_1^2 t_u$ addiert. Hierbei ist $t_u = 2z$ für $z$faches Umsetzen bzw. Überheben zu setzen.

Dividiert man nun den erhaltenen Gesamtwert durch T und zieht aus dem Quotienten die Wurzel, so erhält man das Effektivmoment und daraus nach Obigem die Effektivleistung des Antriebmotors.

Elfter Abschnitt.

Seilberechnung.

Für die Berechnung des Förderseils ist als bekannt vorauszusetzen:

die Nutzlast N,

das Eigengewicht des Fördergefäßes G_F (bei Korbförderung das Gewicht des Korbs mit Wagen) einschließlich Gehänge,

die Teufe H,

die Neigung des Schachtes gegen die Horizontale α,

die maximale Beschleunigung (bzw. Verzögerung) p.

Nun ist

die statische Belastung des Seils $B = (N + G_F + S) \sin \alpha$,

die dynamische   „   „   „ $W = \dfrac{N + G_F + S}{g}\, p \cdot \sin \alpha$.

Damit wird die Zugbeanspruchung des Seils

$$k_z = \frac{B + W}{i\,\dfrac{\delta^2 \pi}{4}}\ \text{kg/qcm}, \tag{41}$$

wenn i die Anzahl, δ den Durchmesser der Drähte im Seil in cm bezeichnet.

Diese Zugbeanspruchung k_z muß unter der Bruchfestigkeit des Seils k_z' bleiben und zwar rechnet man bei Förderseilen gewöhnlich mit einem Sicherheitsfaktor von

$$c = 6 \text{ bei Lastenförderung und von}$$
$$c = 8 \text{ bei Mannschaftsförderung.}$$

Damit dieser Sicherheitsfaktor auch nach längerem Gebrauch des Seils noch gewährleistet bleibt, rechnet man für neue Seile gewöhnlich mit $c = 8$ bzw. 10.

Es ist also $k_z = \dfrac{1}{8}$ bis $\dfrac{1}{10} k_z'$ zu setzen. Damit geht Gleichung (41) über in

$$k_z' = \frac{c(B+W)}{i\,\dfrac{\delta^2\,\pi}{4}} = \frac{c(N+G_F+S)\left(1 + \dfrac{p}{9,81}\right)\sin\alpha}{i\,\dfrac{\delta^2\,\pi}{4}} \cdot \tag{42}$$

Den Ausdruck $c(B+W)$ nennt man die rechnerische Bruchlast.[1])

Man geht nun bei der praktischen Seilberechnung meist so vor, daß man zunächst diese rechnerische Bruchlast ermittelt und sich für diese aus Seiltabellen für ein bestimmtes k_z' (bei Tiegelstahldraht $k_z' = 12\,000$ bis $24\,000$ kg/qcm) ein passendes Seil aussucht. Diese Tabellen geben dann auch genaue Werte für σ, das Gewicht pro m, i und δ.

Für die Ermittlung der rechnerischen Bruchlast fehlt nun zunächst der Wert für das Seilgewicht S. Diesen kann man aber vorläufig berechnen aus

$$S = \frac{(N+G_F)H \cdot \sin\alpha}{0,12\,k_z' - H \sin\alpha}. \tag{43}$$

Diese Beziehung ergibt sich aus Folgendem:
Bezeichnet

$$\gamma = \frac{\sigma}{i\,\dfrac{\delta^2\,\pi}{4}}\,10\,000$$

---

[1]) In der Praxis wird vielfach W vernachlässigt, da es im allgemeinen nur etwa $10\,\%$ von B ausmacht.

eine Zahl, die den Charakter eines spezifischen Gewichts hat und für alle Seile ungefähr den gleichen Wert, nämlich 9600 kg/cbm, hat, so ist

$$S = \sigma \cdot H = \gamma \cdot H i \, \frac{\delta^2 \pi}{4} \, \frac{1}{10\,000}.$$

Setzt man hierin den sich aus Gleichung (42) ergebenden

Wert $\dfrac{i\,\delta^2 \pi}{4} = \dfrac{c(N + G_F + S)\left(1 + \dfrac{p}{9{,}81}\right)\sin\alpha}{k_z{}'}$ ein, und setzt

ferner $p = 1$, und damit $1 + \dfrac{p}{9{,}81} = $ etwa $1{,}1$ und $c = 8$, so wird

$$S = \gamma \cdot H \cdot \frac{8(N + G_F + S)\,1{,}1 \sin\alpha}{k_z{}'\,10\,000}$$

$$= \frac{(N + G_F)H \sin\alpha}{\dfrac{10\,000}{88\,\gamma}\,k_z{}' - H \sin\alpha}$$

$$= \frac{(N + G_F)H \sin\alpha}{0{,}12\,k_z{}' - H \sin\alpha}.$$

Nachdem man aus der Seiltabelle ein Seil gewählt hat, ist der genaue Wert von S aus $S = \sigma \cdot H$ zu bestimmen und mit diesem der endgültige Sicherheitsfaktor zu berechnen. Dieser ergibt sich aus

$$c = \frac{\text{Rechnerische Bruchlast nach Tabelle}}{B + W}.$$

Zwölfter Abschnitt.

Gang der Berechnung von Förderanlagen.[1]

Im allgemeinen stehen für die Berechnung einer Anlage nur folgende Daten zur Verfügung:

Stündliche Förderleistung K in kg pro Stunde,
Teufe H in m,

---

[1] Bei den in diesem Abschnitte enthaltenen Formelzusammenstellungen ist immer mit konstanter Beschleunigung gerechnet. Ändert sich p_a geradlinig, so sind die entsprechenden andern Formeln einzusetzen, die sich aus S. 6, 12, 13, 55, 57 ergeben.

Größte im Schacht zulässige Fördergeschwindigkeit v_0 in m/sek und

Dauer der Betriebspause t_P in sek.

Faßt man den Ausdruck $\dfrac{H}{T}$ als eine mittlere Geschwindigkeit auf, die während der ganzen Zeit, also auch während der Pausen als konstant zu betrachten wäre, und bezeichnet diesen Wert mit v_m, so ist auch

$$v_m = \frac{F}{T},$$

da die Fläche F des $v - t$-Diagramms die Teufe H darstellt.

Bei konstantem Halbmesser r und konstantem p_a und p_b ist

$$F = v_0 \left(t_F - \frac{t_1}{2} - \frac{t_3}{2} \right),$$

also

$$v_m = \frac{v_0 \left(t_F - \dfrac{t_1}{2} - \dfrac{t_3}{2} \right)}{T} = \frac{v_0 \left(t_F - \dfrac{v_0}{2 p_a} - \dfrac{v_0}{2 p_b} \right)}{T}$$

$$= v_0 \frac{t_F}{T} - \frac{v_0{}^2}{2 T} \cdot \frac{p_a + p_b}{p_a \cdot p_b}.$$

Setzt man $\dfrac{p_a + p_b}{p_a p_b} = \varkappa$ und ersetzt man t_F durch $T - t_P$, so wird

$$v_m = v_0 \frac{T - t_P}{T} - \frac{\varkappa v_0{}^2}{2 T} \quad \text{oder, da } v_m = \frac{H}{T},$$

$$T = \frac{H + v_0 t_P + \varkappa \dfrac{v_0{}^2}{2}}{v_0}.$$

Hierin sind außer $\varkappa$ alle Größen bekannt. Für $\varkappa$ kann man einen vorläufigen Wert einsetzen und damit gibt diese Formel die Möglichkeit, die Zeit eines Zuges T und ferner die Anzahl der pro Stunde zu machenden Züge Z zu bestimmen; letztere aus der Beziehung

$$Z = \frac{3600}{T}.$$

Hieraus findet man dann die pro Zug zu fördernde Nutzlast N aus

$$N = \frac{K}{Z}.$$

Diese Rechnung gibt einen Anhalt für die Bestimmung der Nutzlast bei einer verlangten Stundenleistung der Schachtanlage.

Nach definitiver Festsetzung von N liegt dann auch das Gewicht des Fördergefäßes G_F je nach dem gewählten System (Korb- oder Skipförderung) nach gewissen Normalien fest.

Bei Anlagen mit konischen Trommeln und Bobinen kann man die obige Gleichung für T ebenfalls benutzen, wenn man angenähert für v_0 einen Wert einsetzt, der unter der größten Fördergeschwindigkeit liegt.

Mit den nach obigem ermittelten Werten für G_F und N sind alle Größen für eine Seilberechnung gegeben, die nach Abschnitt XI auszuführen ist.

Nach endgültiger Entscheidung über die Größe der Nutzlast ergibt sich die genaue Zeit, die für einen Förderzug verfügbar ist, zu

$$T = \frac{3600}{K}\, N \text{ sek.} \tag{44}$$

Die Dauer der eigentlichen Fahrzeit ist dann

$$\text{bei doppeltrümiger Förderung: } t_F = T - t_P, \tag{45}$$

$$\text{bei eintrümiger Förderung: } t_F = \frac{T}{2} - t_P. \tag{45a}$$

Soweit gelten diese Betrachtungen für alle Förderanlagen.

Im Folgenden sollen nun einzelne Beziehungen für die Berechnung spezieller Anlagen abgeleitet und aus den vorhergehenden Abschnitten die Formeln zusammengestellt werden, die für die Berechnung in Frage kommen.

A. Berechnung von Anlagen mit zylindrischen Trommeln.

1. Bestimmung der Dimensionen der Trommeln.

a) Durchmesser D (bis Mitte Seil gerechnet). Für die Bestimmung des Durchmessers ist die zulässige Biegungsbeanspruchung des Seils

$$k_b = c \cdot E \cdot \frac{\delta}{D}$$

maßgebend, wobei $c \gtrsim \dfrac{1}{2}$ und E der Elastizitätsmodul (für Stahldraht $2\,150\,000$ kg/qcm) ist.

Erfahrungsgemäß bleibt k_b in zulässigen Grenzen, wenn man $\dfrac{D}{\delta} = 800$ bis 1000 setzt. Also

$$\text{Trommeldurchmesser } D = (800 \text{ bis } 1000)\,\delta. \qquad (46)$$
$$(D \text{ und } \delta \text{ in gleichen Einheiten.})$$

Der auszuführende Durchmesser wird also $D - d$. Man wird in der Praxis natürlich diesen Wert abrunden.

b) Breite B (zwischen Flanschen). α) Glatter Trommelmantel. Bezeichnet man mit

z die Anzahl der Seilwindungen pro Lage,
a die Anzahl der Seillagen,
H' die Länge des Seils von der Länge H plus der Länge der auf die Trommel aufzubringenden Reservewindungen,

so ist unter der Annahme, daß die Durchmesser der Lagen immer um $\dfrac{3}{2}\,d$ wachsen

$$H' = \pi\left[z_1 D + z_2 \cdot \left(D + \frac{3}{2}\,d\right) + z_3 \cdot \left(D + \frac{6}{2}\,d\right) - \cdots\right]$$

Nimmt man an, daß sich auf jeder Lage dieselbe Anzahl Windungen befindet, daß also $z_1 = z_2 = z_3 = \cdots = z$, so folgt aus der Entwicklung der obigen arithmetischen Reihe

$$H' = \frac{\pi \cdot z \cdot a}{2} \cdot \left[2D + \frac{3}{2}\,d\,(a - 1)\right]$$

und

$$z = \frac{2H'}{\pi \cdot a\left[2D + \dfrac{3}{2}\,d\,(a - 1)\right]}.$$

Die Trommelbreite ist dann:

$$B = z \cdot d. \qquad (47)$$

Bei der Festsetzung der Trommelbreite ist noch zu berücksichtigen, daß die Seilablenkung aus der Mittellage $1 : 50$

nicht überschreiten darf. Um dies zu erreichen, muß der Abstand der Trommelwelle von der Seilscheibenwelle (horizontal gemessen) mindestens das 25fache der Trommelbreite sein. Diese Entfernung beträgt bei ausgeführten Anlagen im Durchschnitt nicht mehr als 40 bis 50 m, da sonst das Seil zu sehr schlägt. Läßt sich also diese Entfernung nicht mehr vergrößern, so muß die Trommelbreite verkleinert werden, was entweder durch Verwendung mehrerer Seillagen oder durch Vergrößerung des Durchmessers erreicht werden kann.

β) **Trommelmantel mit Rillen.** Setzt man hier die Differenz der einzelnen Lagendurchmesser gleich dem Durchmesser des Seils d, so ergibt sich

$$H' = \pi \cdot [z_1 \cdot D + z_2 \cdot (D + d) + z_3 \cdot (D + 2d) + \cdots] .$$

Daraus folgt mit $z_1 = z_2 = \cdots = z$

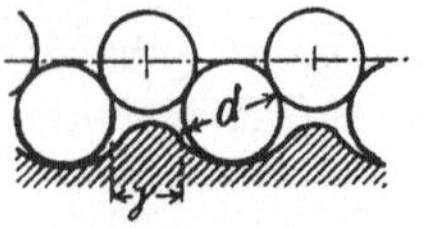

$$H' = \frac{\pi \cdot z \cdot a}{2} [2D + d \cdot (a - 1)]$$

und

$$z = \frac{2H'}{\pi \cdot a [2D + d (a - 1)]} .$$

Fig. 35.

Bezeichnet nun γ den Abstand zwischen zwei benachbarten Seilwindungen, so ist die Trommelbreite zwischen den Flanschen

$$B = z \cdot d + (z - 1)\gamma. \tag{48}$$

2. Weiterer Gang der Rechnung.

Nachdem der Trommeldurchmesser bestimmt ist, kann man nach S. 30 die statischen Momente zu Anfang und Ende des Zuges berechnen. Dann folgt die Berechnung der Massen nach den in Abschnitt III gegebenen Grundsätzen. Nachdem man dann nach S. 22 eine Entscheidung über die Größe von p_a und p_b getroffen hat, kann das Geschwindigkeitsdiagramm gezeichnet werden, dem man die nach Gleichung (6) bestimmte maximale Fördergeschwindigkeit zugrunde legt.

Bei Drehstromanlagen ist hierbei zu berücksichtigen, daß bei direkt gekuppelten Motoren nicht jede Tourenzahl ausführbar ist. Man muß deshalb die Tourenzahl der Förderwelle

$$n_0 = \frac{v_0}{2\pi r}$$ der nächstliegenden ausführbaren Vollasttourenzahl

des Motors gleichmachen.

Die einzelnen Abszissenabschnitte des Geschwindigkeits-diagramms bestimmen sich aus

$$t_1 = \frac{v_0}{p_a}; \quad t_3 = \frac{v_0}{p_b}; \quad t_2 = t_F - t_1 - t_3. \tag{49}$$

Hieraus ergeben sich die Abszissenabschnitte des Momenten-diagramms zu

$$h_1 = v_0 \cdot \frac{t_1}{2}; \quad h_2 = v_0 \cdot t_2; \quad h_3 = v_0 \cdot \frac{t_3}{2}. \tag{50}$$

Als Kontrolle der Rechnung ist festzustellen, daß

$$h_1 + h_2 + h_3 = H \text{ ist}.$$

Nachdem die dynamischen Momente

$$M_{d_a} = m \cdot p_a \cdot r \quad \text{und} \quad M_{d_b} = m \cdot p_b \cdot r$$

berechnet sind, kann das Momentendiagramm über dem **Wege** der Lasten h und danach das Leistungsdiagramm nach Abschnitt XII aufgestellt werden.

3. Zusammenstellung der Formeln.

a) Anlagen mit zylindrischen Trommeln ohne Unterseil. α) Doppeltrümige Förderung. Fahrzeit:

$$T = \frac{3600}{K} \cdot N \tag{44}$$

$$t_F = T - t_P. \tag{45}$$

Trommeldurchmesser:

$$D = (800 \text{ bis } 1000) \cdot \delta. \tag{46}$$

Trommelbreite:

bei glattem Mantel: $B = z \cdot d$, $\qquad$ (47)

bei Rillenmantel: $\quad B = z \cdot d + \gamma \, (z - 1)$. $\qquad$ (48)

Lastmomente:

$$M_{st_1} = (N + S + V) \cdot r \cdot \sin\alpha \tag{13a}$$

$$M_{st_1} = (N - S + V) \cdot r \cdot \sin\alpha. \tag{13b}$$

Massen:

ohne Vorgelege:

$$m = \frac{2 J_T}{r^2} + \frac{J_m}{r^2} + \frac{2 J_s}{r_s^2} + \frac{N + 2 G_F + 2 S + 2 S_c + 2 S_r}{g}$$

oder

$$m = \frac{2GD_T^2}{4gr^2} + \frac{GD_m^2}{4gr^2} + \frac{2GD_s^2}{4gr_s^2} + \frac{N + 2G_F + 2S + 2S_e + 2S_r}{g},$$

mit Vorgelege:

wie ohne Vorgelege, nur tritt an Stelle von

$$\frac{J_m}{r^2} : \qquad \frac{J_v + J_m}{r^2} \cdot \frac{n_1^2}{n_2^2} \qquad\qquad (8)$$

und J_T ist um das Trägheitsmoment des großen Zahnrades zu erhöhen (J_v ist das Trägheitsmoment der Teile des Vorgeleges auf der Motorwelle).

Beschleunigung:

$$p_a \text{ möglichst} = \frac{(0 \sim 0{,}25)\,M_{st_1} + (1 \sim 1{,}25)\,M_{st_4}}{m \cdot r}. \qquad (\text{S. 22})$$

Verzögerung:

$$\text{bei freiem Auslauf} \quad p_b \cong \frac{M_{st_4}}{m \cdot r}. \qquad (11)$$

Geschwindigkeitsdiagramm:

$$v_0 = t_F \cdot k' - \sqrt{t_F^2 \cdot k'^2 - 2H \cdot k'}, \qquad (6)$$

$$n_0'' = \frac{v_0}{2\pi r},$$

$$t_1 = \frac{v_0}{p_a}; \quad t_3 = \frac{v_0}{p_b}; \quad t_2 = t_F - t_1 - t_3. \qquad (49)$$

Momentendiagramm:

$$h_1 = v_0 \cdot \frac{t_1}{2}; \quad h_2 = v_0 \cdot t_2; \quad h_3 = v_0 \cdot \frac{t_3}{2}, \qquad (50)$$

$$M_{d_a} = m \cdot p_a \cdot r; \quad M_{d_b} = m \cdot p_b \cdot r. \qquad (\text{S. 20})$$

Nachprüfung des Moments für Ein- und Anheben:

$$M = (N + G_F - S) \cdot r \cdot \sin \alpha. \qquad (36)$$

$M - t$-Diagramm, Leistungsdiagramm und Bestimmung der Motorleistung nach S. 55, 58 und 60.

β) **Eintrümige Förderung.** Fahrzeit:

$$T = \frac{3600}{K}\, N. \tag{44}$$

Trommeldurchmesser:

$$D = (800 \text{ bis } 1000)\,\delta. \tag{46}$$

Trommelbreite:

bei glattem Mantel $B = z \cdot d$, $\tag{47}$

bei Rillenmantel $B = z \cdot d + \gamma(z - 1)$. $\tag{48}$

1. Heben der Last.

Fahrzeit:

$$t_F = \frac{T}{2} - t_P. \tag{45 a}$$

Lastmomente:

$$M_{st_1} = (N + G_F + S + V_1) \cdot r \cdot \sin \alpha, \tag{14 a}$$

$$M_{st_4} = (N + G_F + V_1) \cdot r \cdot \sin \alpha. \tag{14 b}$$

Massen:

ohne Vorgelege:

$$m = \frac{J_T}{r^2} + \frac{J_m}{r^2} + \frac{J_s}{r_s^2} + \frac{N + G_F + S + S_e + S_r}{g}$$

oder

$$m = \frac{GD_T^2}{4\,g r^2} + \frac{GD_m^2}{4\,g r^2} + \frac{GD_s^2}{4\,g r_s^2} + \frac{N + G_F + S + S_e + S_r}{g}.$$

mit Vorgelege:

$$m = \frac{J_T'}{r^2} + \frac{(J_v + J_m)\,n_1^2}{r^2 n_2^2} + \frac{J_s}{r_s^2} + \frac{N + G_F + S + S_e + S_r}{g}.$$

Beschleunigung:

$$p_a \text{ möglichst} = \frac{(0 \sim 0{,}25)\,M_{st_1} + (1 \sim 1{,}25)\,M_{st_4}}{m \cdot r}. \tag{S. 22}$$

Verzögerung:

bei freiem Auslauf $p_b \cong \dfrac{M_{st_4}}{m \cdot r}.$ $\tag{11}$

Geschwindigkeitsdiagramm:

$$v_0 = t_F \cdot k' - \sqrt{t_F^2 \cdot k'^2 - 2 \cdot H \cdot k'}, \tag{6}$$

$$n_0'' = \frac{v_0}{2\,\pi\,r}.$$

$$t_1 = \frac{v_0}{p_a}; \quad t_3 = \frac{v_0}{p_b}; \quad t_2 = t_F - t_1 - t_3. \tag{49}$$

Momentendiagramm:

$$h_1 = v_0 \cdot \frac{t_1}{2}; \quad h_2 = v_0 \cdot t_2; \quad h_3 = v_0 \cdot \frac{t_3}{2}, \qquad (50)$$

$$M_{d_a} = m \cdot p_a \cdot r, \qquad M_{d_b} = m \cdot p_b \cdot r. \qquad \text{(S. 20)}$$

$M - t$-Diagramm, Leistungsdiagramm und Bestimmung der Motorleistung nach S. 56 f., 58, 60.

2. Senken des leeren Fördergefäßes.

Fahrzeit:

$$t_F = \frac{T}{2} - t_P. \qquad (45\,\text{a})$$

Lastmomente:

$$M_{st_1} = - (G_F - V_1) \cdot r \cdot \sin \alpha, \qquad \text{(S. 25 ff.)}$$
$$M_{st_4} = - (G_F + S - V_1) \cdot r \cdot \sin \alpha. \qquad \text{(S. 25 ff.)}$$

Massen:

     wie unter (1), nur fällt $\dfrac{N}{g}$ fort.

Beschleunigung, Verzögerung, Geschwindigkeitsdiagramm und Abszissen des Momentendiagramms wie unter (1).

Momentendiagramm:

$$M_{d_a} = m \cdot p_a \cdot r,$$
$$M_{d_b} = m \cdot p_b \cdot r.$$

$M - t$-Diagramm, Leistungsdiagramm usw. wie unter (1).

Motorleistung:

     aus der Summe der $\int M^2 dt$ beider Diagramme,

$$M_{eff} = \sqrt{\frac{\int M_h{}^2 dt + \int M_s{}^2 dt}{T}},$$

wenn M_h die Momente beim Heben, M_s die beim Senken sind.

b) **Anlagen mit zylindrischen Trommeln mit Unterseil (nur doppeltrümige Förderung möglich).** Fahrzeit:

$$T = \frac{3600}{K} \cdot N, \qquad (44)$$

$$t_F = T - t_P. \qquad (45)$$

Trommeldurchmesser:
$$D = (800 \text{ bis } 1000)\,\delta. \tag{46}$$

Trommelbreite:

  bei glattem Mantel: $B = z \cdot d,$ (47)

  bei Rillenmantel: $B = z \cdot d + \gamma(z - 1).$ (48)

Lastmomente:
$$M_{st_1} = M_{st_4} = (N + V) \cdot r \cdot \sin \alpha. \tag{S. 30}$$

Massen:

  ohne Vorgelege:
$$m = \frac{2J_{T'}}{r^2} + \frac{J_m}{r^2} + \frac{2J_s}{r_s{}^2} + \frac{N + 2G_F + 3S + 2S_e + 2S_r}{g}$$

  oder
$$m = \frac{2GD_{T}{}^2}{4gr^2} + \frac{GD_m{}^2}{4gr^2} + \frac{2GD_s{}^2}{4gr_s{}^2}$$
$$+ \frac{N + 2G_F + 3S + 2S_e + 2S_r}{g},$$

  mit Vorgelege:
$$m = \frac{2J_{T'}}{r^2} + \frac{J_v + J_m}{r^2}\,\frac{n_1{}^2}{n_2{}^2} + \frac{2J_s}{r_s{}^2}$$
$$+ \frac{N + 2G_F + 3S + 2S_e + 2S_r}{g}.$$

Beschleunigung:
$$p_a \text{ möglichst} = \frac{(1 \sim 1{,}5)\,M_{st_1}}{m \cdot r}. \tag{S. 20}$$

Verzögerung:
$$\text{bei freiem Auslauf: } p \cong \frac{M_{st_4}}{m \cdot r}. \tag{11}$$

Geschwindigkeitsdiagramm:
$$v_0 = t_F \cdot k' - \sqrt{t_F{}^2 \cdot k'^2 - 2H \cdot k'}, \tag{6}$$
$$n_0'' = \frac{v_0}{2\pi r},$$
$$t_1 = \frac{v_0}{p_a}; \quad t_3 = \frac{v_0}{p_b}; \quad t_2 = t_F - t_1 - t_3. \tag{49}$$

Momentendiagramm:
$$h_1 = v_0 \cdot \frac{t_1}{2}; \quad h_2 = v_0 \cdot t_2; \quad h_3 = v_0 \cdot \frac{t_3}{2}. \tag{50}$$
$$M_{d_a} = m \cdot p_a \cdot r \quad \text{und} \quad M_{d_b} = m \cdot p_b \cdot r. \tag{S. 20}$$

Nachprüfen des Moments für Ein- und Anheben:

$$M = (N + G_F) \cdot r \cdot \sin \alpha. \tag{36a}$$

Leistungsdiagramm:

$$L = \frac{\omega_0}{75}\, M, \tag{37}$$

$$L_2 = \frac{\omega_0}{75}\, M_2,$$

$$L_5 = \frac{\omega_0}{75}\, M_5.$$

Motorleistung:

$$L = \sqrt{\frac{L_2{}^2 t_1 + L_3{}^2 t_2 + L_5{}^3 t_3}{T}}.$$

B. Berechnung von Anlagen mit Köpescheiben.

1. Bestimmung des Durchmessers der Scheibe.

Für die Bestimmung des Durchmessers ist, wie bei der zylindrischen Trommel, die zulässige Biegungsbeanspruchung des Seils maßgebend. Wie schon auf S. 67 ausgeführt, bleibt letztere in zulässigen Grenzen, wenn man $\dfrac{D}{\delta} = 800$ bis 1000 setzt. Der Durchmesser der Treibscheibe muß also mindestens sein

$$D = (800 \text{ bis } 1000) \cdot \delta.$$

Bei ausgeführten Anlagen findet man häufig erheblich größere Durchmesser.

2. Weiterer Gang der Rechnung.

Bei Köpescheiben dürfen die Werte von p_a und p_b nicht willkürlich gewählt oder mit Rücksicht auf günstige Ausnutzung des Antriebmotors bestimmt werden, sondern sie müssen infolge der notwendigen Sicherheit gegen Seilrutschen unter verhältnismäßig niedrigen Grenzwerten bleiben, wie auf S. 48 f. ausgeführt ist. Der weitere Gang der Rechnung ist im übrigen genau der gleiche wie der auf S. 68 f. angegebene für zylindrische Trommeln mit Unterseil.

3. Zusammenstellung der Formeln.

Fahrzeit:

$$T = \frac{3600}{K} N. \qquad (44)$$

$$t_F = T - t_P. \qquad (45)$$

Durchmesser der Treibscheibe:

$$D = (800 \text{ bis } 1000)\,\delta. \qquad (46)$$

Beschleunigung:

$$p_a < \frac{e^{\mu\alpha}(P - R_2) - (Q + R_1)}{e^{\mu\alpha}(P + G_s + S_e) + Q + G_s + S_e}\, g, \qquad (34)$$

Verzögerung:

$$p_b < \frac{e^{\mu\alpha}(Q + R_1) - (P - R_2)}{e^{\mu\alpha}(Q + G_s + S_e) + P + G_s + S_e}\, g. \qquad (35)$$

Dynamischer Sicherheitsgrad:

$$\mathfrak{S} = \frac{s_2\,(e^{\mu\alpha} - 1)}{s_1 - s_2}. \qquad (\text{S. } 49)$$

Geschwindigkeitsdiagramm:

$$v_0 = t_F k' - \sqrt{t_F^2 k'^2 - 2Hk'}. \qquad (6)$$

$$n_0'' = \frac{v_0}{2r\pi},$$

$$t_1 = \frac{v_0}{p_a}: \quad t_3 = \frac{v_0}{p_b}: \quad t_2 = t_F - t_1 - t_3. \qquad (49)$$

Momentendiagramm:

$$h_1 = v_0 \frac{t_1}{2}: \quad h_2 = v_0 t_2: \quad h_3 = v_0 \frac{t_3}{2}. \qquad (50)$$

$$M_{st_1} = M_{st_4} = (N + V)r \cdot \sin \alpha. \qquad (\text{S. } 30)$$

Massen:

ohne Vorgelege

$$m = \frac{J_K}{r^2} + \frac{J_m}{r^2} + \frac{2J_s}{r_{s2}} + \frac{N + 2G_F + 3S + 2S_e}{g}.$$

oder

$$m = \frac{GD_K^2}{4gr^2} + \frac{GD_m^2}{4gr^2} + \frac{2GD_s^2}{4gr_s^2} + \frac{N + 2G_F + 3S + 2S_e}{g}.$$

$$M_{d_a} = m \cdot p_a \cdot r, \qquad M_{d_b} = m \cdot p_b \cdot r.$$

Nachprüfen des Moments für Ein- und Anheben:

$$M = (N + G_F) \cdot r \cdot \sin \alpha. \tag{36a}$$

Leistungsdiagramm:

$$L = \frac{\omega_0}{75} M. \tag{37}$$

Motorleistung:

$$L = \sqrt{\frac{L_2{}^2 t_1 + L_3{}^2 t_2 + L_5{}^2 t_3}{T}}.$$

C. Berechnung von Anlagen mit konischen Trommeln (doppeltrümige Förderung).

1. Bestimmung der Dimensionen der Trommeln.

a) Durchmesser. Für die Bestimmung des kleinsten Trommeldurchmessers ist im Allgemeinen wieder die zulässige Biegungsbeanspruchung des Seils maßgebend, also

$$d_T = (800 \text{ bis } 1000)\,\delta. \tag{46}$$

Unter der Bedingung vollkommenen Seilausgleichs liegt dann der größte Durchmesser nach Gleichung (24) fest.

Um ein gutes Aufrollen des Seils zu gewährleisten, darf die Neigung β des Konus bestimmte Werte nicht überschreiten, und zwar muß sein:

$$\text{bei glattem Mantel: } \beta \leqq 18^0 \text{ bis } 23^0,$$
$$\text{bei Rillenmantel: } \quad \beta \leqq 43^0.$$

Es ist aber

$$\text{bei glattem Mantel: } \sin\beta = \frac{R - r}{zd}$$

$$\text{bei Rillenmantel: } \quad \sin\beta = \frac{R - r}{zd + (z - 1)\gamma},$$

wenn γ wieder der Abstand zweier benachbarter Windungen ist. (Reservewindungen werden bei konischen Trommeln fast immer im Innern der Trommel untergebracht). Da bei konischen Trommeln fast immer nur eine Seillage vorgesehen wird, gilt für z in den obigen Gleichungen:

$$z = \frac{H}{\pi (R + r)}.$$

Wird $\sin\beta$ nach diesen Formeln größer, als den obigen Grenzen für β entspricht, so bleiben drei Wege übrig:

1. Ersetzung der ursprünglich vorgesehenen glatten Trommeln durch Rillentrommeln, wodurch die höhere Grenze für β zulässig wird.

2. Verbreiterung der Trommel unter Beibehaltung der berechneten Größe des größten Radius. Dies ist nur bei Spiral-(also Rillen)-trommeln möglich und praktisch wegen der Vergrößerung der Masse der Trommel nicht wünschenswert.

3. Verbreiterung der Trommel unter Verzicht auf vollkommenen Seilausgleich. Dann ist der große Endradius R aus r und β mit Hilfe der Gleichung für die Länge der archimedischen Spirale mit der Steigung $\dfrac{R-r}{z} = d \cdot \sin\beta$ zu bestimmen:

$$R = \sqrt{\frac{H}{\pi} \cdot d \cdot \sin\beta + r^2} \qquad \text{(vgl. S. 47)}.$$

Dieser letztere Weg muß auch eingeschlagen werden, wenn der größte für vollkommenen Seilausgleich berechnete Durchmesser aus Herstellungsgründen unausführbar wird. In diesem Falle kommt man häufig zu der Wahl von konisch-zylindrischen Trommeln statt der rein konischen Trommeln.

b) **Breite der Trommeln (zwischen Flanschen).** α) **Glatter Trommelmantel.** Die Wicklungslänge, auf dem Konus gemessen, ist

$$l = z \cdot d.$$

Also wird die Breite in axialer Richtung

$$B = z \cdot d \cdot \cos\beta = \frac{H}{\pi(R+r)} d \cdot \cos\beta. \qquad (51)$$

β) **Rillenmantel.** Hier wird analog

$$B = [z \cdot d + (z-1)\gamma] \cdot \cos\beta$$
$$= \left[\frac{H \cdot d}{\pi(R+r)} + \left(\frac{H}{\pi(R+r)} - 1\right)\gamma \cdot \right]\cos\beta. \qquad (52)$$

Bei der Festsetzung der Trommelbreite ist noch zu berücksichtigen, daß die Seilablenkung aus der Mittellage $1:50$

nicht überschreiten darf. Um dies zu erreichen, muß der Abstand der Trommelwelle von der Seilscheibenwelle (horizontal gemessen) mindestens das 25fache der Trommelbreite sein. Diese Entfernung beträgt bei ausgeführten Anlagen im Durchschnitt nicht mehr als 40 bis 50 m, da sonst das Seil zu sehr schlägt. Läßt sich also diese Entfernung nicht mehr vergrößern, so muß die Trommelbreite verkleinert werden, was eine Vergrößerung der Durchmesser verlangt.

2. Weiterer Gang der Rechnung.

Nachdem die Trommeldimensionen festliegen, kann man nach S. 38 die Lastmomente am Anfang und Ende des Zuges bestimmen. Dann folgt die Berechnung der Trägheitsmomente nach den auf S. 39 ff. gegebenen Grundsätzen. Nachdem nach S. 22 eine Entscheidung über die Werte von ε_a und ε_b getroffen ist, kann das Geschwindigkeitsdiagramm ($\omega - t$-Diagramm) gezeichnet werden, dem man die nach Gleichung (1 c) bestimmte Winkelgeschwindigkeit ω_0 zu Grunde legt. Hierbei ist zu berücksichtigen, daß $\omega_0 \cdot r_2$ die höchstzulässige Fördergeschwindigkeit nicht überschreiten darf, wobei r_2 aus Formel (3) bestimmt werden kann, wenn man $\varDelta_\varrho = \dfrac{R - r}{z}$ setzt. Auch hier ist außerdem bei Drehstromanlagen die Tourenzahl der Förderwelle $n_0' = \dfrac{\omega_0}{2\,\pi}$ der nächstliegenden Vollasttourenzahl des Motors gleichzumachen. Die einzelnen Abszissenabschnitte des Geschwindigkeitsdiagramms bestimmen sich aus

$$t_1 = \frac{\omega_0}{\varepsilon_a}; \quad t_3 = \frac{\omega_0}{\varepsilon_b}; \quad t_2 = t_F - t_1 - t_3. \qquad (53)$$

Hieraus ergeben sich die Abszissenabschnitte des Momentendiagramms

$$\nu_1 = n_0'' \cdot \frac{t_1}{2}; \quad \nu_2 = n_0'' \cdot t_2; \quad \nu_3 = n_0'' \cdot \frac{t_3}{2} \qquad (54)$$

(vgl. S. 7).

Als Kontrolle der Rechnung ist festzustellen, daß

$$\nu_1 + \nu_2 + \nu_3 = z = \frac{H}{\pi(R + r)}.$$

Die dynamischen Momente kann man mit der auf S. 45 angegebenen Vereinfachung berechnen durch Multiplikation des Gesamtträgheitsmoments der Massen am Anfang bzw. Ende des Zuges mit der konstanten Winkelbeschleunigung bzw. -verzögerung. Damit kann das Momentendiagramm über den Umläufen der Trommel ν und darnach das Leistungsdiagramm nach Abschnitt XII aufgestellt werden.

Auch bei Anlagen für doppeltrümige Förderung ist es nötig, daß bei Betriebsstörungen das unausgeglichene Fördergefäß an einer Trommel aus jeder beliebigen Teufe (also eintrümig) mit der vollen, oder wenigstens einem Teil der Nutzlast zu Tage gefördert werden kann. Es ist deshalb nach Gleichung (18) und (19) zu ermitteln, bei welcher Teufe das maximale Moment auftritt, seine Größe zu berechnen und festzustellen, ob der für doppeltrümige Förderung vorgesehene Motor dieses Moment zu liefern imstande ist. Außerdem ist noch zu prüfen, ob das maximale Motormoment für Ein- und Anheben des Förderkorbs ausreicht (vgl. Gleichung 36 b).

3. Zusammenstellung der Formeln.

Fahrzeit:

$$T = \frac{3600}{K}N, \tag{44}$$

$$t_F = T - t_P. \tag{45}$$

Trommeldurchmesser:

$$d_T = (800 \text{ bis } 1000)\,\delta, \tag{46}$$

$$D_T = d_t\left(1 + \frac{2S}{N + 2G_F}\right) \tag{24}$$

(bei vollkommenen Seilausgleich).

Trommelbreite:

bei glattem Mantel:

$$B = z \cdot d \cdot \cos\beta = \frac{H}{\pi(R + r)}d \cdot \cos\beta; \tag{51}$$

bei Rillenmantel:

$$B = [z \cdot d + (z - 1)\gamma]\cos\beta$$
$$= \left[\frac{Hd}{\pi(R + r)} + \left(\frac{H}{\pi(R + r)} - 1\right)\gamma\right]\cos\beta. \tag{52}$$

Lastmomente:

$$M_{st_1} = [(N + G_F + S + V_1) \cdot r - (G_F - V_2) \cdot R]\sin \alpha; \quad (22)$$

$$M_{st_4} = [(N + G_F + V_1) \cdot R - (G_F + S - V_2) \cdot r]\sin \alpha. \quad (23)$$

bei vollkommenen Seilausgleich $M_{st_1} = M_{st_4}$.

Trägheitsmomente (ohne Vorgelege):

Zu Anfang des Zuges:

$$J_1 = 2J_T + J_m + \left(\frac{J_s}{r_s^2} + \frac{S_e}{g}\right)(R^2 + r^2) + \frac{S}{g}\frac{R^2 + r^2}{2}$$
$$+ \frac{N + G_F + S}{g}r^2 + \frac{G_F}{g}R^2$$
$$= 2J_T + J_m + \left(\frac{J_s}{r_s^2} + \frac{S_e}{g} + \frac{S}{2g} + \frac{G_F}{g}\right)(R^2 + r^2)$$
$$+ \frac{N + S}{g}r^2.$$

Am Ende des Zuges:

$$J_2 = 2J_T + J_m + \left(\frac{J_s}{r_s^2} + \frac{S_e}{g}\right)(R^2 + r^2) + \frac{S}{g}\left(\frac{R^2 + r^2}{2}\right)$$
$$+ \frac{N + G_F}{g}R^2 + \frac{G_F + S}{g}r^2$$
$$= 2J_T + J_m + \left(\frac{J_s}{r_s^2} + \frac{S_e}{g} + \frac{S}{2g} + \frac{G_F}{g}\right)(R^2 + r^2)$$
$$+ \frac{N}{g}R^2 + \frac{S}{g}r^2.$$

Beschleunigung:

$$\varepsilon_a \text{ möglichst} = \frac{(1 \text{ bis } 1{,}5)\,M_{st_1}}{J_1}.$$

Verzögerung:

$$\varepsilon_b \text{ bei freiem Auslauf} \cong \frac{M_{st_4}}{J_2}.$$

Geschwindigkeitsdiagramm:

$$\omega_0 = t_F k - \sqrt{t_F^2 \cdot k^2 - \frac{4H}{R + r}k}, \quad (1\,c)$$

$$n_0'' = \frac{\omega_0}{2\pi},$$

$$\omega_0 \cdot r_2 = \omega_0\left[r + \frac{\pi(R^2 - r^2)}{H}n_0''\left(\frac{t_1}{2} + t_2\right)\right]$$

darf nicht größer sein, als die höchstzulässige Fördergeschwindigkeit.

$$t_1 = \frac{\omega_0}{\varepsilon_a}; \quad t_3 = \frac{\omega_0}{\varepsilon_b}; \quad t_2 = t_F - t_1 - t_3. \qquad (53)$$

Momentendiagramm:

$$v_1 = n_0'' \cdot \frac{t_1}{2}; \quad v_2 = n_0'' \cdot t_2; \quad v_3 = n_0'' \cdot \frac{t_3}{2} \cdot \qquad (54)$$

$$M_{d_a} = J_1 \cdot \varepsilon_a, \qquad M_{d_b} = J_2 \cdot \varepsilon_b. \qquad (\text{S. 38})$$

Kontrolle des Motormoments für eintrümige Förderung:

$$v_c = \frac{z}{\dfrac{R}{r} - 1}, \qquad (\text{da } z = v_T) \qquad (16)$$

$$\varDelta_\varrho = \frac{R - r}{z}, \qquad (15)$$

$$v_m = \sqrt{\frac{N + G_F + S + V_1}{3\sigma\pi\varDelta_\varrho} + \frac{v_c^2}{3}}, \qquad (18)$$

$$v_m' = v_m - v_c,$$
$$h_m = H - \pi\varDelta_\varrho(v_m^2 - v_c^2). \qquad (19)$$

Hier ist

$$M_{st_m} = (N + G_F + \sigma \cdot h_m + V_1)(r + \varDelta_\varrho v'_m). \quad (\text{aus Gl. 17})$$

Moment für Einheben:

$$M = (N + G_F) \cdot R - S \cdot r. \qquad (36\,\text{b})$$

$M - t$-Diagramm und Leistungsdiagramm nach S. 56 f. und S. 58 f.

Motorleistung:

bei vollkommenem Seilausgleich:

$$L = \sqrt{\frac{L_2^2 t_1 + L_3^2 t_2 + L_5^2 t_3}{T}},$$

sonst: nach S. 60 f.

D. Berechnung von Anlagen mit Bobinen.

1. Bestimmung des Durchmessers der Bobine.

Für die Bestimmung des kleinen Durchmessers der Bobine ist im allgemeinen wieder die zulässige Biegungsbeanspruchung des Seils maßgebend, d muß also mindestens sein

$$d_B = (800 \text{ bis } 1000)\delta. \qquad (46)$$

Bei vollkommenem Seilausgleich besteht für d_B die Gleichung (33), die also dann einzuhalten ist, wenn sie einen größeren Wert als Gleichung (46) ergibt.

Nach Bestimmung von d_B folgt die Größe des großen Durchmessers nach Gleichung (32).

Im übrigen ist der Gang der Rechnung derselbe wie bei konischen Trommeln.

Dreizehnter Abschnitt.

Der Energieverbrauch elektrischer Förderanlagen.

Zur Vervollständigung der in den vorigen Abschnitten gemachten Ausführungen soll im Folgenden noch kurz auf die Ermittlung des Energieverbrauches und Wirkungsgrades elektrischer Förderanlagen eingegangen werden, doch können hierbei, dem Rahmen dieser Arbeit entsprechend, nur die wichtigsten Systeme berührt werden.

Für Großförderanlagen kommt heute in allererster Linie nur das sogenannte Leonardsystem mit oder ohne Pufferung in Frage und als Pufferung vorwiegend die Schwungradpufferung nach dem System Ilgner. Es sollen deshalb diese Systeme hier auch zunächst behandelt werden. Zum Schluß soll dann auch noch kurz auf reinen Drehstromantrieb eingegangen werden, trotzdem derselbe sich in Deutschland meist nur für kleine und mittlere Anlagen eingebürgert hat. Im Ausland (vor allem in den Goldminen Südafrikas) ist der Antrieb mittels asynchronem Drehstrommotor ja auch in großen Anlagen eingeführt und hat sich dort auch zum Teil sehr gut bewährt.

1. Das Leonardsystem ohne Pufferung.

Das Prinzip des Leonardsystems muß hier als bekannt vorausgesetzt werden. Wir beschränken uns deshalb auf die Angabe des grundlegenden Schaltschemas, um die folgenden Berechnungen anschaulicher zu machen. Dieses ist das folgende:

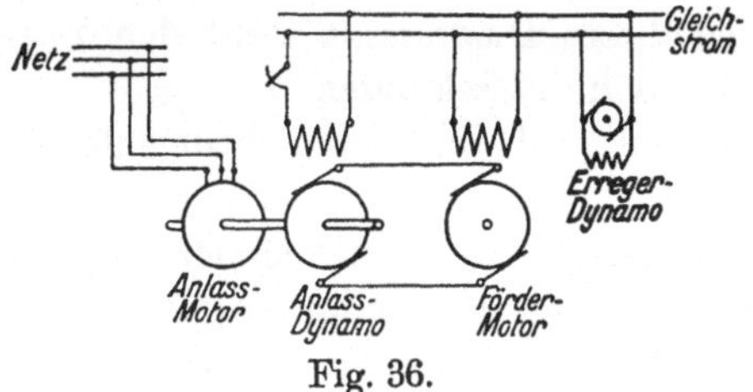

Fig. 36.

Wir legen der Berechnung des Energieverbrauchs das nach dem zehnten Abschnitt ermittelte Leistungsdiagramm des Fördermotors zugrunde und berechnen hieraus zunächst die der Anlaßdynamo zuzuführende Energie, indem wir die einzelnen Leistungswerte des Diagramms durch die diesen Leistungen entsprechenden Wirkungsgrade des Fördermotors (η_m) und der Anlaßdynamo (η_d) dividieren, bzw. bei negativen Diagrammwerten mit diesen Wirkungsgraden multiplizieren. Es ist also

$$L_2' = \frac{L_2}{\eta_{m_2}\eta_{d_2}}; \qquad L_3' = \frac{L_3}{\eta_{m_3} \cdot \eta_{d_3}};$$

$$L_4' = \frac{L_4}{\eta_{m_4}\eta_{d_4}}; \qquad L_5' = L_5 \cdot \eta_{m_5}\eta_{d_5} \cdot$$

$$\text{(wenn } L_5 \text{ negativ).}$$

Ferner ist hierbei aber zu berücksichtigen, daß

1. die dem Fördermotor bei $t = 0$ zuzuführende Energie nicht Null ist, sondern daß auch hier schon Kupferverluste $J_a{}^2 w_a$ auftreten, die von der Anlaßdynamo zu decken sind und daß

2. während der Betriebspause Leerlaufverluste der Anlaßdynamo auftreten (etwa 3 % der Effektivleistung).

Die Kupferverluste im Fördermotor kann man erfahrungsgemäß mit etwa 0,7 $(L_2' - L_2)$ einsetzen.

Hiermit erhält man ein Diagramm von folgender Form:

Energiediagramm I.

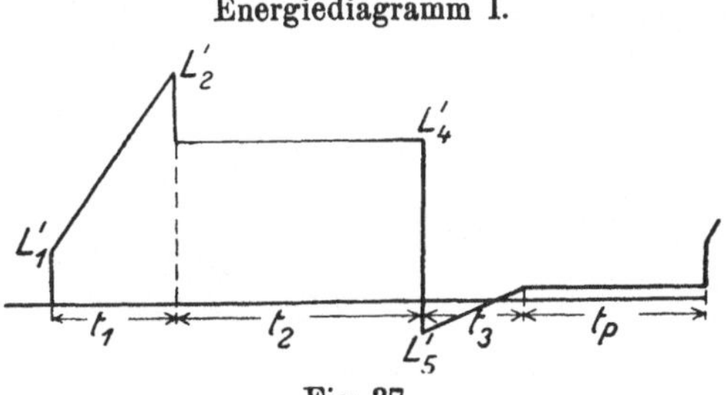

Fig. 37.

Die Fläche dieses Diagramms stellt den Energieverbrauch der Anlaßdynamo in PSSekunden dar.

Hierzu ist nun noch der Energiebedarf der Erregerdynamo zu addieren.

Der Erregerdynamo wird entnommen

a) die Erregung des Fördermotors, die entweder konstant ($= l_1$) ist oder (bei manchen Ausführungen) während der Betriebspause um etwa die Hälfte (l_5) geschwächt wird;

b) die Erregung der Anlaßdynamo, die während der Beschleunigung ungefähr geradlinig von Null bis zu einem Maximum (l_1 bis l_2) anwächst, während der vollen Fahrt konstant bleibt ($l_2 = l_3$) und dann während der Verzögerung wieder ungefähr geradlinig bis auf Null abnimmt.

c) Der Energiebedarf etwaiger Hilfsapparate, die mit Gleichstrom betrieben werden. Dieser kann als konstant angenommen werden (l_H').

Das Leistungsdiagramm der Erregerdynamo erhält demnach etwa folgende Form:

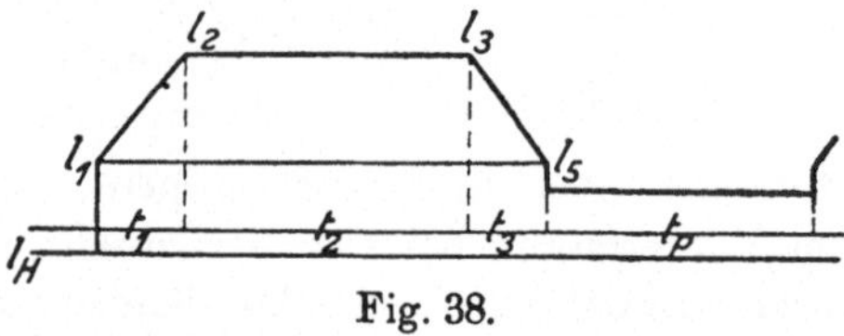

Fig. 38.

Dividiert man alle Punkte dieses Diagramms durch die entsprechenden Wirkungsgrade der Erregerdynamo, so erhält man das Energieverbrauchsdiagramm der Erregerdynamo, das dem obigen ähnlich ist.

Dieses letztere ist nun punktweise zu dem Energieverbrauchsdiagramm der Anlaßdynamo zu addieren, wodurch man das folgende Diagramm erhält:

Energiediagramm II.

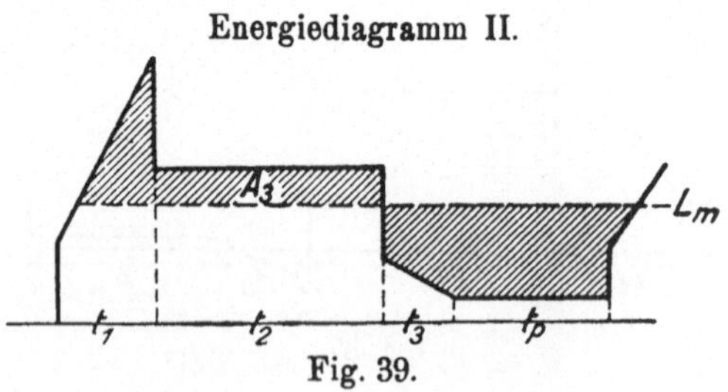

Fig. 39.

Dividiert man nun alle Punkte dieses Diagramms durch die entsprechenden Wirkungsgrade des Anlaßmotors und berücksichtigt die während der Pause auftretenden Leerlaufverluste des Anlaßmotors (etwa 40 % der Verluste bei Vollast), so erhält man das Energieverbrauchsdiagramm der Förderanlage, gemessen an den Statorklemmen des Anlaßmotors.

Die Fläche dieses Diagramms stellt die von der Förderanlage pro Zug aufgenommene Arbeit A_1 in PSSek. dar. Etwaiges Umsetzen oder Überheben kann man erfahrungsgemäß dadurch berücksichtigen, daß man A_1 um $(x + 1)$ % erhöht, wobei x die Anzahl der betreffenden Operationen bedeutet.

Die **Nutzarbeit** der Förderanlage pro Zug ist

$$A_2 = \frac{\text{Nutzlast} \times \text{Teufe}}{75} \text{ PSSek}.$$

Damit ergibt sich der **Gesamtwirkungsgrad** der Anlage zu

$$\eta = \frac{A_2}{A_1}.$$

Der Energieverbrauch der Anlage pro Zug in KWStdn. ist

$$A = \frac{A_1 \cdot 0{,}736}{3600} \text{ KWStdn}.$$

2. Das Ilgnersystem.

Das Ilgnersystem unterscheidet sich bekanntlich rein elektrisch nicht vom Leonardsystem ohne Pufferung. Der Unterschied besteht lediglich darin, daß auf die Umformerwelle noch ein Schwungrad aufgesetzt ist, das den Zweck hat, die Belastungsstöße aufzunehmen und auf diese Weise vom Netz fernzuhalten. Bei richtiger Bemessung des Schwungrades wird also der Anlaßmotor mit konstanter Belastung laufen und es handelt sich zunächst darum, diese Belastung und die vom Schwungrad zu leistende Arbeit zu ermitteln.

Zu diesem Zwecke geht man auf das Energiediagramm Nr. 2 zurück. Man berechnet dessen Inhalt E und dividiert diesen Wert durch die Gesamtzugzeit T. Damit erhält man die mittlere Leistung des Anlaßmotors L_m. Trägt man $L_m =$ konst. als Parallele zur Zeitlinie auf, so müssen die über $L_m = c$ liegenden Flächenstücke flächengleich mit den unter $L_m = c$ liegenden Stücken sein. Der Inhalt der über $L_m = c$ liegenden Fläche ist ein Maß für die vom Schwungrad zu leistende Arbeit A_s, während der gleiche Wert der unter $L_m = c$ liegenden Fläche die Arbeit darstellt, die zur »Wiederaufladung«, d. h. zur Wiederherstellung der verbrauchten kinetischen Energie des Schwungrades verfügbar ist. Auf die Berechnung des Schwungrades kann hier nicht eingegangen werden, es interessiert uns hier nur der Energieverbrauch der Anlage. Diesen erhält man, indem man zu der mittleren Leistung L_m des Anlaßmotors die Luft- und Lagerreibungsverluste V_s des Schwungrades addiert (die von der Größe und Anordnung des Rades abhängen und vom Lieferanten anzugeben sind).

Damit ergibt sich die Leistung des Anlaßmotors zu

$$L_m' = L_m + V_s.$$

Um den Energiebedarf zu erhalten, ist dieser Wert durch den Wirkungsgrad η_A des Motors zu dividieren, wobei letzterer aber etwas kleiner als der normale einzusetzen ist, wegen des zusätzlichen Schlupfes (vgl. unter 3).

Man erhält also

$$E_1 = \frac{L_m'}{\eta_A}.$$

Multipliziert man jetzt E_1 mit der Gesamtzugzeit T, so ist

$$A_1 = E_1 \cdot T$$

die von der Förderanlage pro Zug aufgenommene Arbeit in PSSek.

Die Nutzarbeit der Anlage pro Zug ist wieder

$$A_2 = \frac{\text{Nutzlast} \times \text{Teufe}}{75} \ \text{PSSek.},$$

so daß sich der Gesamtwirkungsgrad wiederum ergibt zu

$$\eta = \frac{A_2}{A_1}.$$

3. Der asynchrone Drehstrommotor.

Wir betrachten wieder das Momenten- und das Leistungsdiagramm des Fördermotors als gegeben.

Das Leistungsdiagramm stellt die vom Motor abgegebenen mechanischen Leistungen dar, während das Momentendiagramm ein Bild der dem Motor zugeführten elektrischen Leistungen in PS gibt, wenn man alle Punkte mit $\dfrac{n}{716}\dfrac{1}{\eta_m}$ multipliziert.

Zur Bestimmung der jeweiligen Werte von η muß man zunächst auf das Leistungsdiagramm zurückgreifen und hierbei folgende theoretischen Beziehungen des Asynchronmotors berücksichtigen.

1. Der Schlupf des Asynchronmotors ist der mechanischen Leistung proportional. Kennt man also den Schlupf s_n bei der normalen Leistung L_n, so ist der Schlupf s bei einer andern Leistung L

$$s = \frac{L}{L_n}\, s_n.$$

2. Ferner hängt aber der Schlupf auch von dem Sekundärwiderstand des Motors ab, der sich zusammensetzt aus dem Rotorwiderstande r_2 und einem eventuell vorgeschalteten Anlaßwiderstande r_v und zwar ist

$$s' = s\,\frac{r_2 + r_v}{r_2} = s\left(1 + \frac{r_v}{r_2}\right).$$

3. Kennt man den Wirkungsgrad η eines Motors bei einem Schlupf s und einem bestimmten Drehmomente, so erhält man den Wirkungsgrad η', bei demselben Moment aber einem größeren Schlupf s', indem man die Differenz der Schlüpfungen $s' - s$ vom Wirkungsgrad η subtrahiert. Es ist also

$$\eta' = \eta - (s' - s) = \eta - \frac{r_v}{r_2}\, s = \eta - \frac{r_v}{r_2}\,\frac{L}{L_n}\, s_n.$$

Die auf diese Weise erhaltenen Wirkungsgrade η' sind in die obige Formel einzusetzen. (In der Praxis wird man dieselben vom Lieferanten des Motors einzufordern haben.)

Erklärung der in den Formeln verwendeten Buchstaben.

a Anzahl der Seillagen bei zylindrischen Trommeln.

B Trommelbreite.

D Durchmesser der Trommel, Treibscheibe usw. Größter Durchmesser bei konischen Trommeln.

d Seildurchmesser des runden Förderseils bzw. Dicke des Flachseils.

d_t Kleinster Durchmesser bei konischen Trommeln.

e Basis der natürlichen Logarithmen.

G Gewicht eines Körpers in kg.

G_F Gewicht des leeren Fördergefäßes in kg.

G_s Schwunggewicht einer Seilscheibe in kg.

GD^2 Schwungmoment eines Körpers in kgm^2.

g Erdbeschleunigung $= 9{,}81$ m/sec^2.

H Teufe in m.

h Weg der Lasten im Schacht in m.

h_1 Weg der Lasten während der Beschleunigungsperiode.

h_2 Weg der Lasten während der vollen Fahrt.

h_3 Weg der Lasten während der Verzögerungsperiode.

J Trägheitsmoment in kgmsec^2.

J_g Geometrisches Trägheitsmoment in m^5.

J_m Trägheitsmoment des Antriebsmotors.

J_s Trägheitsmoment einer Seilscheibe.

J_T Trägheitsmoment einer Trommel mit Zubehör.

$J_T{}'$ Trägheitsmoment einer Trommel mit Zubehör und Zahnrad.

J_v Trägheitsmoment der Vorgelegeteile auf Motorwelle.

i Anzahl der Drähte im Förderseil.

K Förderleistung des Schachtes in kg/Std.

k_b Biegungsbeanspruchung des Seils in kg/cm^2.

k_z Zugbeanspruchung des Seils in kg/cm^2.

$k_z{}'$ Bruchfestigkeit des Seils in kg/cm^2.

L Mechanische Leistung in PS.

L_1 Mechanische Leistung am Anfang des Zuges.

L_2 Mechanische Leistung am Ende der Beschleunigungsperiode.

L_3 Mechanische Leistung am Anfang der vollen Fahrt.

L_4 Mechanische Leistung am Ende der vollen Fahrt.

L_5 Mechanische Leistung am Anfang der Verzögerungsperiode.

L_6 Mechanische Leistung am Ende des Zuges.

    Wicklungslänge bei konischen Trommeln.

M Drehmoment in mkg.

M_1 Gesamtmoment am Anfang des Zuges in mkg.

M_2 Gesamtmoment am Ende der Beschleunigungsperiode.

M_3 Gesamtmoment am Anfang der Verzögerungsperiode.

M_4 Gesamtmoment am Ende des Zuges.

M_d dynamisches Moment in mkg.

M_{d_a} Beschleunigungsmoment in mkg.

M_{d_b} Verzögerungsmoment in mkg.

M_{st} Statisches Lastmoment in mkg.

M_{st_1} Statisches Lastmoment am Anfang des Zuges.

M_{st_2} Statisches Lastmoment am Anfang der vollen Fahrt.

M_{st_3} Statisches Lastmoment am Ende der vollen Fahrt.

M_{st_4} Statisches Lastmoment am Ende des Zuges.

m Masse eines Körpers in $\mathrm{kgsec^2/m}$.

N Gewicht der Nutzlast in kg.

n Tourenzahl pro Minute.

n_1 Minutliche Tourenzahl der Motorwelle bei Anlagen mit Vorgelege.

n_2 Minutliche Tourenzahl der Förderwelle bei Anlagen mit Vorgelege.

n_0 Tourenzahl der Förderwelle bei voller Fahrt.

n'' Tourenzahl pro Sekunde.

n_0'' Sekundliche Tourenzahl der Förderwelle bei voller Fahrt.

p_a Lineare Beschleunigung in $\mathrm{m/sec^2}$.

p_b Lineare Verzögerung in $\mathrm{m/sec^2}$.

R Größter Halbmesser bei konischen Trommeln.

R_1 Schachtreibungs- und Seilbiegungsverluste am Nutzlasttrum.

R_2 Schachtreibungs- und Seilbiegungsverluste am andern Trum.

r Halbmesser der Trommel, Treibscheibe usw. Kleinster Halbmesser bei konischen Trommeln usw.

r_s Halbmesser einer Seilscheibe.

r_1 Halbmesser des rotierenden Systems am Ende der Beschleunigungsperiode.

r_2 Halbmesser des rotierenden Systems am Anfang der Verzögerungsperiode.

S Gewicht des Seils von der Länge H in kg.

S_o Gewicht des Oberseils.

S_u Gewicht des Unterseils.

S_e Gewicht des Seils zwischen Seilscheibe und Maschine.

S_r Gewicht des Reserveseils auf Trommel usw.

s_x Gewicht des Seils von der (veränderlichen) Länge h in kg.

$\mathfrak{S}$ Sicherheitsfaktor gegen Seilrutschen bei Treibscheiben.

T Zeit eines Förderzuges einschließlich Pause in sec.

t Zeit in Sekunden.

t_F Reine Fahrzeit pro Förderzug in sec.

t_P Zeit der Betriebspause in sec.

t_1 Zeit der Beschleunigungsperiode in sec.

t_2 Zeit der vollen Fahrt in sec.

t_3 Zeit der Verzögerungsperiode in sec.

V_1 Mechanische Verluste am Nutzlasttrum in kg.

V_2 Mechanische Verluste am andern Trum.

$V = V_1 + V_2.$

v Lineare Geschwindigkeit in m/sec.

v_0 Maximale Fördergeschwindigkeit in m/sec.

x Anzahl der Reserveseilwindungen auf einer cyl. Tr.

Z Anzahl der Förderzüge pro Stunde.

z Anzahl der Seilwindungen pro Lage auf einer Trommel.

α Neigung des Schachtes gegen die Horizontale in °.

β Neigung des Konus bei konischen Trommeln in °.

γ Spezifisches Gewicht.

δ Durchmesser der Drähte im Förderseil (in cm).

ε_a Winkelbeschleunigung in $\sec^{-2}$.

ε_b Winkelverzögerung in $\sec^{-2}$.

η_m Mechanischer Wirkungsgrad der Fördermaschine.

η_s Schachtwirkungsgrad.

μ Reibungskoeffizient zwischen Seil und Treibscheibe.

ν Zahl der Umläufe für einen bestimmten Bogen.

ν_1 Zahl der Umläufe während der Beschleunigung.

ν_2 Anzahl der Umläufe während der vollen Fahrt.

ν_3 Anzahl der Umläufe während der Verzögerung.

ν_c Anzahl der Umläufe für den Ergänzungskegel.

ν_T Anzahl der Umläufe pro Teufe.

ϱ Veränderlicher Halbmesser des rotierenden Systems.

σ Gewicht des Seils in kg/m.

σ_u Gewicht des Unterseils in kg/m.

φ Drehwinkel bei Rotation in Bogenmaß.

ψ Umlaufzahl der Trommel.

ω Winkelgeschwindigkeit in $\sec^{-1}$.

ω_0 Maximale Winkelgeschwindigkeit des Geschwindigkeitsdiagramms in $\sec^{-1}$.

$\varDelta_\varrho$ Änderung des Halbmessers des rotierenden Systems pro Umdrehung.

Die Bergwerksmaschinen. Eine Sammlung von Handbüchern für Betriebsbeamte. Unter Mitwirkung zahlreicher Fachgenossen herausgegeben von Dipl.-Berging. **Hans Bansen.**

I. Band: Das Tiefbohrwesen. Unter Mitwirkung von Dipl.-Berging. A. Gerke, Dr.-Ing. L. Herwegen bearbeitet von **Hans Bansen.** Mit 688 Textabbildungen.
Gebunden Preis M. 16.—

II. Band: Gewinnungsmaschinen. Von Dipl.-Berging. **A. Gerke,** Dipl.-Berging. Dr.-Ing. **L. Herwegen,** Dipl.-Berging. Dr.-Ing. **O. Pütz,** Dipl.-Ing. **Karl Teiwes.** Mit 393 Textabbildungen.
Gebunden Preis M. 16.—

III. Band: Die Schachtfördermaschinen. Von Dipl.-Ing. **Karl Teiwes** und Professor Dr.-Ing. **E. Förster.** Mit 323 Textabbildungen. Gebunden Preis M. 16.—

IV. Band: Die Schachtförderung. Von Dipl.-Berging. **H. Bansen** und Dipl.-Ing. **Karl Teiwes.** Mit 402 Textabbildungen.
Gebunden Preis M. 14.—

V. Band: Die Wasserhaltungsmaschinen. Von Dipl.-Ing. **Karl Teiwes.** Mit 362 Textabbildungen. Gebunden Preis M. 18.—

VI. Band: Die Streckenförderung. Von Dipl.-Berging. **Hans Bansen.** Zweite, neubearbeitete Auflage. In Vorbereitung

---

Die Maschinenlehre der elektrischen Zugförderung. Eine Einführung für Studierende und Ingenieure. Von Professor Dr. **W. Kummer.**

I. Band: Die Ausrüstung der elektrischen Fahrzeuge. Mit 108 Textabbildungen. Gebunden Preis M. 6.80

II. Band: Die Energieverteilung für elektrische Bahnen. Mit 62 Textabbildungen. Gebunden Preis M. 22.—

Linienführung elektrischer Bahnen. Von Obering. **Karl Trautvetter.** Preis M. 12.—; gebunden M. 14.—

Die asynchronen Wechselfeldmotoren. Kommutator- und Induktionsmotoren. Von Professor Dr. **Gustav Benischke.** Mit 89 Textabbildungen. Preis M. 16.—

Der wirtschaftliche Aufbau der elektrischen Maschine. Von Dr. techn. **Milan Vidmar.** Mit 7 Textabbildungen.
Preis M. 5.60

Kurzes Lehrbuch der Elektrotechnik. Von Professor Dr. **A. Thomälen.** Achte, verbesserte Auflage. Mit 499 Textbildern.
Gebunden Preis M. 24.—

Hierzu Teuerungszuschläge